U0254334

国家中等职业教育改革发展示范学校建设项目成果

零件的多轴加工

主　编　郑顺深

副主编　张兢龙　陈泽群

参　编　袁　田

机 械 工 业 出 版 社

本书共有三个工作任务：加工专用刀杆（四轴）、加工电动自行车轮胎模（五轴）和加工曲轴（车铣复合）。每个工作任务由若干个活动组成，具有清晰的工作过程；每个活动包含学习目标、知识要点、活动过程及活动评价几个环节。

本书可作为技工院校和职业学校数控技术应用、模具制造与设计等专业教材，也可供相关工程技术人员参考。

图书在版编目（CIP）数据

零件的多轴加工/郑顺深主编. —北京：机械工业出版社，2013.7
ISBN 978-7-111- 43112-1

Ⅰ.①零⋯ Ⅱ.①郑⋯ Ⅲ.①机械元件-数控机床-加工 Ⅳ.①TG659

中国版本图书馆 CIP 数据核字（2013）第 146247 号

机械工业出版社（北京市百万庄大街 22 号 邮政编码 100037）
策划编辑：王佳玮 责任编辑：王佳玮 王海霞
责任校对：杜雨霏 封面设计：路恩中 责任印制：杨 曦
北京中兴印刷有限公司印刷
2013 年 9 月第 1 版第 1 次印刷
184mm×260mm · 9.75 印张 · 237 千字
0 001—2 000 册
标准书号：ISBN 978-7-111- 43112-1
定价：29.00 元

凡购本书，如有缺页、倒页、脱页，由本社发行部调换
电话服务   网络服务
社 服 务 中 心：(010)88361066 教 材 网：http://www.cmpedu.com
销 售 一 部：(010)68326294 机工官网：http://www.cmpbook.com
销 售 二 部：(010)88379649 机工官博：http://weibo.com/cmp1952
读者购书热线：(010)88379203 **封面无防伪标均为盗版**

前　言

随着社会经济的不断发展，现代企业大量引进了新的管理模式、生产方式和组织形式，这一变化趋势要求企业员工不仅要具备工作岗位所需的专业能力，还要具备沟通交流和团队合作等过程性能力，以及解决问题和自我管理的能力，能对新的、不可预见的工作情况作出独立的判断并提出应对措施。为了适应经济发展对技能型人才的要求，培养高素质的数控技术应用专业高技能人才，编者根据数控技术应用岗位综合职业能力的要求编写了本书。

编者按照工学结合人才培养模式的基本要求，通过深入企业调研、认真分析数控技术应用工作岗位人员的典型工作任务，以典型工作任务为载体，将企业典型工作任务转化为具有教育价值的学习任务。学习者在完成工作任务的过程中，可以学习多轴数控机床的功能、加工工艺、编程方法、加工技术及产品检测等专业基础知识和技能，培养综合职业能力。

本书共有三个工作任务：加工专用刀杆（四轴）、加工电动自行车轮胎模（五轴）和加工曲轴（车铣复合）。每个工作任务由若干个活动组成，具有清晰的工作过程。每个活动包含学习目标、知识要点、活动过程及活动评价几个环节。

本书由广州工贸技师学院郑顺深担任主编，张竞龙、陈泽群担任副主编，袁田参加了本书的编写。

本书在编写过程中参阅了许多相关教材和资料，在此对相关作者表示感谢。

由于编者水平有限且时间较为仓促，书中难免存在不足之处，敬请广大读者批评指正。

编　者

目　　录

工作任务一 ▶▶

加工专用刀杆（四轴）

 **任务情境**

　　某公司的业务部门主管接到一张订单，要求生产一批专用刀杆，数量为150件，来料加工，尺寸如图1-1所示。现该主管将此任务交给小杨，并要求其在2天之内完成任务。

　　小杨接到加工任务后，向客户了解了该零件的功能，根据客户的需要，小杨制订了加工方案，经业务部门主管审核后，选用刀具和设备，对零件进行加工。加工完成后，小杨依照图样和技术要求检验零件，按规范放置零件后送检和签字确认，并填写了相关表格（设备运行记录等）。

　　整个工作过程应遵循6S管理规范。

学习目标

1. 能描述四轴加工中心的结构和加工范围。

2. 能初步读懂派工单和识读工艺卡，明确加工零件技术要求。

3. 能自觉按照安全操作规程和生产现场管理规定进行生产。

4. 能根据工艺文件识别相应工具、量具、夹具、刀具，并检查机床状况。

5. 能正确装夹毛坯和建立零件坐标系，防止加工过程中发生刀具干涉。

6. 能根据四轴加工中心的结构选择后置处理文件，并使用仿真软件验证程序。

7. 能在教师指导下将程序输入系统，并选用合适的切削用量，保证正常切削。

8. 能检测加工完成的零件。

9. 能按照教师要求保养四轴加工中心，并填写设备运行记录。

10. 会书写工作总结，并使用评价表进行评价。

🔻 活动一　接受加工任务

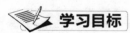 **学习目标**

1. 能识读派工单，并表述相关专业术语。

2. 能表述四轴加工中心各机械部件的名称和作用。

3. 能进行安全操作规程的模拟演练或制作安全操作规程海报。

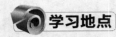

学习地点

先进精密制造学习工作站。

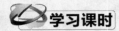

学习课时

6 课时。

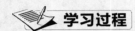

学习过程

掌握以下资讯与决策，才能顺利完成任务

一、学习准备

1. 派工单、图样、工艺卡、多媒体、互联网。

2. 四轴加工中心。

3. 安全操作规程、《金属切削手册》、《加工中心使用手册》、《机械工人切削手册》。

二、派发任务

完成小组成员组成表和派工单，见表 1-1 和表 1-2。

表 1-1　小组成员组成表

小组成员名单	成员特点	成员分工	备　注

表 1-2　派工单　　　　　　　日期：　　年　　月　　日

产品名称	专用刀杆		任务号	001	派工员	
使用机床号	要求完成日期			实际完成日期		
图号/名称	数量	合格品	不良品	未完成	检验员	检验日期
图 1-1/专用刀杆						
备注						
确认栏	派货人(班长)：		领货人(组长)：		车间主任(指导教师)：	

查找相关资料，并将不懂的术语记录下来。

_____

_____

_____

_____

_____

_____

信息采集源：《金属切削手册》、《机械工人切削手册》。

三、派发生产图样（分析图样）

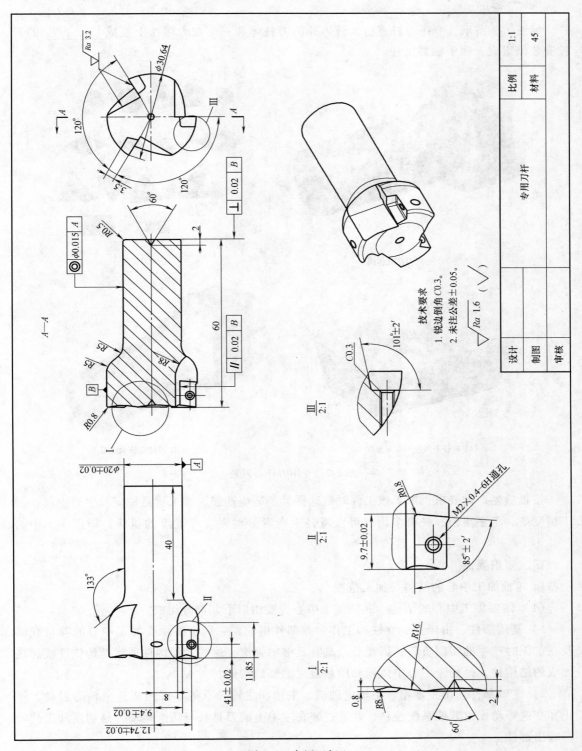

图 1-1　专用刀杆

想一想

如图 1-2 所示，专用刀杆是由回转体外圆刀杆体和三个在大端面上互成_____°的刀粒安装槽组成，属于轴类工件。

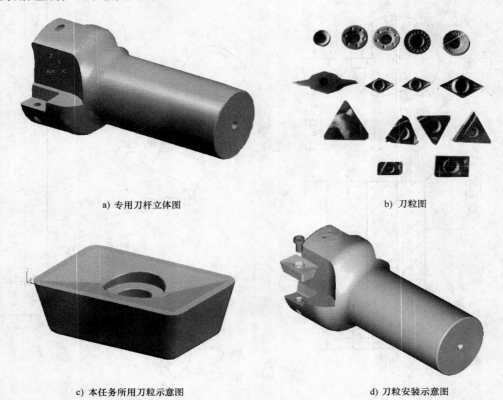

a) 专用刀杆立体图　　　　　　　　　　　　　b) 刀粒图

c) 本任务所用刀粒示意图　　　　　　　　　　d) 刀粒安装示意图

图 1-2　专用刀杆与刀粒

按批量生产的要求，加工该工件时应选择具备适应性强、加工质量稳定、生产率高、加工精度高、工序集中、一机多用、可以减轻生产者劳动强度等优点的机床，即图 1-3 中的
(　　　　　　　　　　　　)。

四、知识要点

1. 四轴加工中心的结构与加工范围

（1）四轴加工中心的结构　四轴加工中心主要由以下几部分组成：

1）基础部件。由床身、立柱和工作台等部件组成，它们主要承受加工中心的静负载以及在加工时产生的切削负载，因此必须具有足够的强度。这些大型构件通常是铸铁件或焊接而成的结构件，是加工中心中体积和质量最大的基础构件。

2）主轴部件。由主轴箱、主轴电动机、主轴和主轴轴承等零件组成。主轴的起动、停止和变速等动作由数控系统控制，并通过装在主轴上的刀具参与切削运动，是切削加工的功率输出部件。

3）进给系统。由进给伺服电动机、机械传动装置和位移测量元件等组成，它驱动工作

a) 普通铣床　　　　　　　b) 数控铣床

c) 四轴加工中心

图 1-3　供选择机床

台等移动部件形成进给运动。

4）数控系统。加工中心的数控系统是由数控装置、PLC、伺服驱动装置及操作面板等组成的，它是完成加工过程的控制中心。

5）自动换刀装置（Automatic Tool Changer，ATC）。由刀库、机械手等部件组成。当需要换刀时，数控系统发出指令，由机械手（或通过其他方式）将刀具从刀库中取出并装入主轴孔。

6）辅助装置。包括润滑、冷却、排屑、防护、液压、气动和检测系统等装置。这些装置虽然不直接参与切削运动，但对加工中心的加工效率、加工精度和可靠性起着保障作用，因此也是加工中心中不可缺少的部分。

加工中心由＿＿＿＿＿＿＿＿＿、＿＿＿＿＿＿＿、＿＿＿＿＿＿＿＿＿、＿＿＿、＿＿＿＿＿＿＿和＿＿＿＿＿＿＿＿＿六部分组成，分别将其填入图 1-4 空白处。

（2）四轴加工中心的加工范围　如图 1-5 所示，加工中心分为立式和＿＿＿＿＿＿两种类型。

如图 1-6 所示，立式加工中心主要用于加工＿＿＿＿＿＿＿＿＿＿＿＿＿＿＿＿＿＿＿＿＿＿＿＿等零件，卧式加工中心主要用于加工＿＿＿＿＿＿＿＿＿等零件。

图 1-4 加工中心的组成

a) 立式加工中心　　　　　　　　　　b) 卧式加工中心

图 1-5 加工中心的分类

a) 板类零件　　　　　　　b) 盘类零件　　　　　　　c) 模具类零件

d) 壳体类零件　　　　　　　　　　e) 箱体类零件

图 1-6 加工中心的加工范围

2. 加工中心安全操作规程

1）工作前，操作者应穿戴好各种劳保用品，以确保工作安全。

2）应牢记急停开关的位置，以确保在发生紧急情况时能快速停机，以免发生严重的伤害。

3）切勿不经意地碰触任何按钮，切勿用潮湿的手接触电子开关，以免受电击。

4）切勿戴手套操作机器，切勿以任何方式接触运转中的主轴和工件。

5）切勿用裸露的肢体直接接触刀尖与切屑，切勿刮除或移去机器上的警告标志。

6）工具或非加工工件不可放在机器上，尤其不能放到移动部件上。

7）注意时常清洁机器设备、刀具、夹具等。

8）机器使用前应进行预热运转，主轴转速为 1000r/min，其他三轴以 50% 的转速运转 10~20min。

9）加工前应将夹具和待加工工件固定好。

10）装夹或卸下工件时，应先使机器停止运转，并注意使工件与刀具间保持适当的距离。

11）机器运转中，切勿随意打开前门及左、右护罩，以免人员受伤。

12）刀具完成设定后，应先试切削，以确定程序正确无误。

13）在电源开关打开后，不要用手触摸电源控制开关、电气箱内部或变压器等高压危险物品。

14）不要随意更改参数或设定值，如有必要，应先将原始数据记录下来，以便以后参考。

15）不可擅自移去或修改机器上的行程限位开关或任何保护开关等。

16）电源发生问题或断电时，应立即将主电源关闭。

17）电源断电或紧急停车后再关机时，务必使三轴回归机床原点。

18）结束工作离开机床前，应关闭操作面板上的控制电源开关和电气箱总开关。

🔍 **想一想**

1. 在了解工作场地有关安全操作规程后，独立完成以下内容的选择。

（1）加工中心开机前应穿戴好（　　），以确保工作安全。

A. 劳保用品　　　　B. 校服　　　　C. 西装

（2）加工中心发生故障或不正常现象时，应（　　），以便检查排除。

A. 报告老师　　　B. 通知维修人员　　C. 立即停机

（3）加工中心工作完毕后，应使机床各部处于（　　），并切断电源。

A. 原始状态　　　B. 当前状态　　　C. 任意状态

（4）机床使用前应先进行预热运转，主轴转速为（　　）r/min，其他三轴以 50% 的转速运转 10~20min。

A. 500　　　　B. 1000　　　　C. 2000

（5）工具或非加工工件不可放在机器上，尤其不能放到（　　）上。

A. 工作台　　　B. 计算机台　　　C. 移动部件

（6）切勿戴手套操作机器，切勿以任何方式接触运转中的（　　）和工件。

A. 机床　　　　　　　　B. 主轴　　　　　　　　C. 冷却管

（7）在下列（　　）的情况下，不可进行机器的清洗工作？

A. 没有安全员在场　　B. 机器开动中　　　　C. 没有操作手册

（8）结束工作离开机器前，应关闭操作面板上的控制电源开关和（　　）。

A. 冷却管开关　　　　B. 气源总开关　　　　C. 电气箱总开关

2. 你在工作中遇到过图 1-7 中的图标吗？它们分别有什么意义？

图 1-7　安全标示牌

3. 判断下面的说法是否正确。

（1）应当妥善保管机床附件，保持机床整洁、完好。　　　　　　　　　（　　）

（2）为了夹紧零件，可采用锤子敲打台虎钳丝杠手柄或加长手柄的方法。（　　）

（3）不得用过重、过大的锤子敲击台虎钳上的零件。　　　　　　　　　（　　）

（4）可以两人或多人同时使用同一台砂轮，也可在砂轮的侧面进行磨削。（　　）

（5）在机床上操作时要戴上手套，衣袖要扎紧，头发过长的要扎起来，并戴帽子。

（　　）

（6）砂轮机的防护装置必须完整。　　　　　　　　　　　　　　　　　（　　）

（7）砂轮机开动前，要认真检查砂轮机与防护罩之间有无杂物，确认安全后再开机。

（　　）

（8）对有裂纹、有破损的砂轮或者砂轮轴与砂轮孔配合不好的砂轮，可以酌情使用。

（　　）

4. 进行安全操作规程的模拟演练或制作安全操作规程海报。

以小组为单位，分别进行安全操作规程模拟演练和制作安全操作规程海报的比赛，通过展现和展示，评出各小组的名次，从而达到学习安全操作规程的目的。然后根据此次活动过程谈谈你的看法。

五、活动过程

各小组根据图 1-1 所示零件图分析零件。

1. 零件总长度为_____mm；刀杆最大直径为_____mm，最小直径为_____mm；左端面平均分布了_____个刀粒槽，角度为____°；有____个螺纹。

2. 分析零件图可知，M2 螺纹的公差要求为_____，其余表面粗糙度值为 Ra ____ μm。

3. 零件毛坯材料为 45 钢，其强度、硬度、塑性等力学性能及切削性能、热处理性能等加工工艺性能良好，便于加工，能够满足使用要求。毛坯下料尺寸为 φ _____mm ×

70mm。

六、活动评价

各组选出优秀成员在全班讲解零件图的分析过程和结果，通过小组互评和教师点评评出小组名次。

活动二   制订加工方案

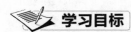**学习目标**

1. 能根据常用铣刀的结构和特点选择刀具。
2. 能编制加工方案。
3. 能编制单件加工工艺文件。
4. 能表述加工方案。
5. 能正确建立坐标系。
6. 能表述四轴加工的编程方法。

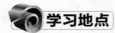**学习地点**

先进精密制造学习工作站。

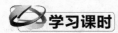**学习课时**

8 课时。

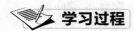**学习过程**

掌握以下资讯与决策，才能顺利完成任务

一、学习准备

1. 工艺卡、图样、互联网、多媒体。
2. 刀具、工艺方案。
3. 安全操作规程、《金属切削手册》、《加工中心使用手册》、《机械工人切削手册》。

二、知识要点

铣刀的种类如图 1-8 所示，其中常用铣刀为_____和_____。

三、活动过程

1. 编制加工方案

在数控机床上加工零件时，工序可以比较集中，一次装夹应尽可能多地完成多道加工工序。常用的工序划分原则有：

（1）保证精度原则   数控加工要求工序应尽可能集中，粗、精加工通常在一次装夹下完成，为减少热变形和切削力变形对工件尺寸精度、几何精度和表面粗糙度的影响，应将

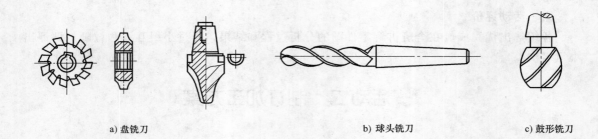

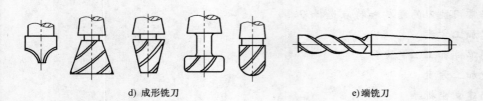

图 1-8　铣刀的种类

粗、精加工分开进行，此时，可用不同的机床或不同的刀具进行加工。通常在一次装夹中，不允许将零件的某一部分表面加工完毕后，再加工零件的其他表面。

（2）提高生产率原则　在数控加工中，为了减少换刀次数，节省换刀时间，应在将需要使用同一把刀加工的部位全部加工完成后，再换另一把刀来加工其他部位。

按照上述划分原则，装夹一次为一道工序，换一次刀为一个工步，综合本零件的工艺性，加工此零件划分 3 道工序（注：已经加工好专用刀杆毛坯），每道工序有_____个工步。

2. 编制单件加工工艺卡（见表 1-3）

3. 表述加工方案

以小组为单位，分别对加工方案进行表述，通过讲解和展示评出各小组的名次。

4. 建立坐标系

数控机床的加工是由程序控制完成的，所以坐标系的建立与使用非常重要。数控机床坐标系用右手笛卡儿坐标系作为标准确定。数控机床有三个坐标系，即机床坐标系、编程坐标系和工件坐标系，通过以往的学习，请填写它们的概念。

1）机床坐标系的原点是_____，也称机械零点，它是机床加工的基准点。

2）编程坐标系是_____，能否使编程坐标系与工件坐标系一致是操作的关键。

3）工件坐标系是_____，该坐标系的原点可根据具体情况确定，但坐标轴的方向应与机床坐标系一致，并应与其有确定的尺寸关系。

5. 四轴加工的编程方法

数控加工程序通常有两种编辑方法，即手工编程和自动编程，四轴加工一般采用自动编程。

表 1-3　加工工艺卡

（单位名称）	加工工艺卡	产品名称		图号									
		零件名称		数量								第　页	
材料种类		材料成分		毛坯尺寸								共　页	
工序	工步	工序内容		车间	设备	夹具		切削用量			计划工时	实际工时
						刀具		背吃刀量	进给量	主轴转速		
						类型	尺寸					
更改号			拟定		校正		审核			批准		
更改者												
日　期												

四、活动评价

完成项目评价表（见表 1-4）。

表 1-4　项目评价表

序　号	标准/指标		自我评价	教师评价
1	专业能力	资料阅读		任务是否完成
2		信息收集		
3		工艺制订		
4		装夹定位		
5		刀具选择		
6	方法能力	表格填写		
7	社会能力	小组协作		

评价及改进措施：

组长签名：

 小提示

信息采集源：《金属切削手册》、《机械工人切削手册》。

只有通过以上评价，才能继续往下学习哦！

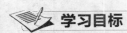

活动三　加　工

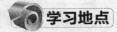

学习目标

1. 能熟练操作数控操作面板。
2. 能正确对刀、编辑程序，并将程序输入系统。
3. 能根据四轴加工中心的结构选择后处理文件和修改后处理程序。
4. 能使用仿真软件验证刀杆的程序是否正确。

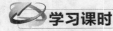

学习地点

先进精密制造学习工作站。

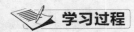

学习课时

24 课时。

学习过程

掌握以下资讯与决策，才能顺利完成任务

一、学习准备

1. 工艺卡、图样、程序单、互联网、多媒体。
2. 四轴加工中心、计算机、量具、刀具。
3. 安全操作规程、6S 管理规定、《金属切削手册》、《机械工人切削手册》。

二、知识要点

1. 加工中心操作面板

加工中心操作面板如图 1-9 所示。

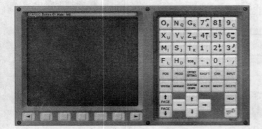 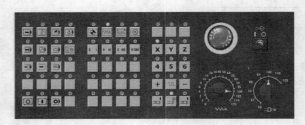

图 1-9　加工中心操作面板

如图 1-10 所示，FANUC Series 0i Mate-MB 的操作面板按功能可划分为 _____、_____ 和 _____ 三大部分。

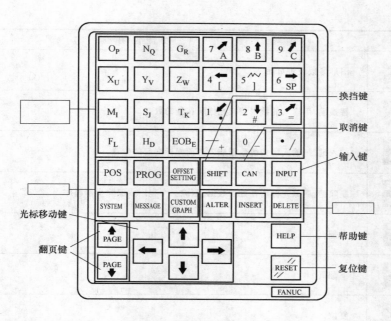

图 1-10 FANUC Series 0i Mate-MB 操作面板

加工中心操作面板上各按键的功能见表 1-5 和表 1-6。

表 1-5 操作面板按键功能说明（一）

序号	按键	功 能 说 明
1	POS	显示坐标位置
2	PROG	显示程序内容
3	OFFSET SETTING	显示或输入刀具偏置量和磨耗值
4	SHIFT	换挡键
5	CAN	取消键，删除输入区中的字符
6	INPUT	输入键，用于输入数据
7	SYSTEM	用于显示系统参数页面
8	MESSAGE	信息页面，显示报警信息等

（续）

序号	按键	功　能　说　明
9	CUSTOM GRAPH	图形参数设置页面
10	ALTER	替换键，用输入的数据替换光标所在处的数据
11	INSERT	插入键，把输入区中的数据插入当前光标之后的位置
12	DELETE	删除键，删除光标所在处的数据，删除一个程序或删除全部程序
13	↑ PAGE	上翻页
14	↓ PAGE	下翻页
15	RESET	复位
16	→	向右移动光标
17	←	向左移动光标
18	↑	向上移动光标
19	↓	向下移动光标

表 1-6　操作面板按键功能说明（二）

序号	按键	功　能　说　明
1	→	设定自动运行方式
2	↗	设定程序编辑方式
3	→	设定 MDI 方式
4	↓	设定 DNC 运行方式
5	→	设定单程序段运行方式
6	↗	设定可选程序段跳过运行方式，跳过程序段开头带有"/"的程序

（续）

序号	按键	功 能 说 明
7		程序停止
8		设定手动示教（手轮示教）方式
9		程序重启
10		机床机械锁住
11		设定空运行方式
12		循环停止（自动操作停止）
13		循环启动（自动操作开始）
14		程序停（进给保持）
15		返回参考点方式
16		手动进给方式
17		手轮进给方式
18		手轮进给倍率
19		手动进给轴选择
20		快速进给
21		移动方向选择
22		主轴正转、停止、反转

（续）

序号	按键	功能说明
23	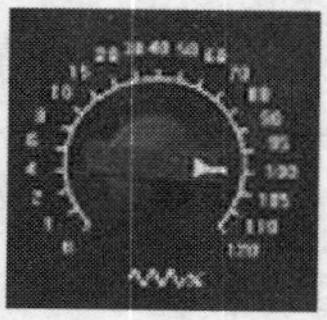	进给倍率的选择
24	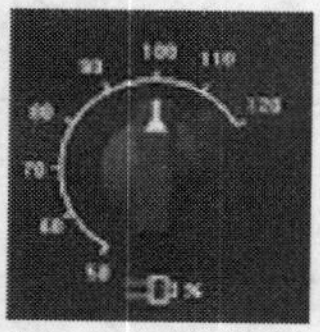	主轴转速倍率的选择
25	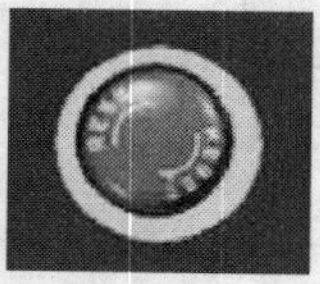	紧急停止
26		程序保护开关

查阅相关资料，根据操作面板上各按键的功能说明，完成表1-7。

表1-7　操作面板按键功能练习

序号	按键	功能说明
（表1-5）6	 INPUT	
（表1-5）8	 MESS-AGE	信息页面，显示报警信息等
	 CUSTOM GRAPH	图形参数设置页面
	 INSERT	插入键，把输入区中的数据插入当前光标之后的位置
	 ↑ PAGE	上翻页
（表1-5）14	 ↓ PAGE	
	 RESET	复位

（续）

序号	按键	功 能 说 明
（表1-5）16	→	
	↓	向下移动光标
（表1-6）1	 ⊟	设定自动运行方式
（表1-6）2	 ⊡	
	 ⊡	设定 MDI 方式
	 ⊡	
（表1-6）5	 ⊟	设定单程序段运行方式
（表1-6）11	 ⊞	
	 ◎	循环停止（自动操作停止）
	 ▮	循环启动（自动操作开始）
（表1-6）14	 ◉	程序停（进给保持）
	 ⊕	返回参考点方式
	 ⊞	手动进给方式
（表1-6）17	 ◁	
（表1-6）20	 ∿	快速进给

2. 对刀

（1）对刀顺序　先对____轴方向，再对____轴方向，接着对____轴方向，最后对附加轴（A 或 B）。

（2）对刀方式　一般有两种对刀方式，一种是直接式，另一种是间接式。如图 1-11 所示，直接式是用刀具直接试切工件来对刀，间接式是通过分中棒或对刀仪来对刀。

a) 直接试切

b) 用分中棒对刀

c) 用对刀仪对刀

图 1-11 对刀方式

想一想

图 1-11a 属于_____式对刀，图 1-11b 属于_____式对刀，图 1-11c 中用于对刀的仪器称为_____。

3. 数控加工程序的编辑

（1）编程方法 数控编程是数控加工准备阶段的重要工作之一，数控加工程序通常有两种编辑方法，一种是手工编程，另一种是自动编程。

1）手工编程。手工编程是指从分析零件图样、确定加工工艺过程、数值计算、编写零件加工程序单、制作控制介质到程序校验都是由人工完成的。它要求编程人员不仅要熟悉数控指令及编程规则，而且要具备数控加工工艺知识和数值计算能力。

2）自动编程。自动编程是指利用计算机专用软件来编制数控加工程序。编程人员只需根据零件图样的要求使用专用软件，由计算机自动进行数值计算及后置处理，编写出零件加工程序单后，将加工程序通过直接通信的方式送入数控机床，指挥机床工作。自动编程流程如图 1-12 所示。

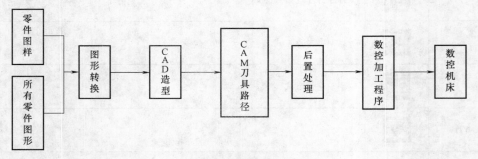

图 1-12 自动编程流程

（2）编程软件 能实现自动编程的常用计算机辅助制造（CAM）软件有 UG、MasterCAM、CAXA 等，这些软件可以实现多轴联动的自动编程并进行仿真模拟，本任务采用的是 CAXA 软件。

想一想

目前应用最广泛的国产 CAM 软件是_____，其最新版本的全称是_____

_____。除了以上提到的 CAM 软件，再列举三种：_____、_____

_____、_____。

CAXA 制造工程师是一种全中文、面向数控铣床和加工中心的三维 CAD/CAM 软件，可以生成 3～5 轴的加工代码，可用于加工具有复杂三维曲面的零件，其多轴功能界面如图 1-13 所示。CAXA 制造工程师的四轴加工功能有四轴柱面曲线加工和四轴平切面加工两种。

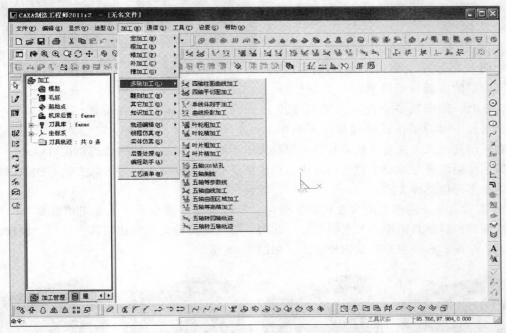

图 1-13　CAXA 制造工程师多轴加工功能界面

1）四轴柱面曲线加工。根据给定的曲线生成四轴加工轨迹，铣刀刀轴始终垂直于第四轴的旋转轴，多用于在回转体上加工槽。四轴柱面曲线加工界面如图 1-14 所示。

① 旋转轴。机床第四轴绕 X 轴旋转时，生成的加工代码角度地址为 A；机床第四轴绕 Y 轴旋转时，生成的加工代码角度地址为 B。

② 加工方向。生成四轴加工轨迹时，下刀点与拾取曲线的位置有关，即在曲线的哪一端拾取，就在曲线的哪一端点下刀。生成轨迹后如果想改变下刀点，可以不重新生成轨迹，只需双击轨迹树中的加工参数，然后在"加工方向"区的"顺时针"和"逆时针"两个单选按钮之间进行切换即可。

③ 加工精度。控制加工精度的选项有两个，即"加工精度"和"最大步长"。

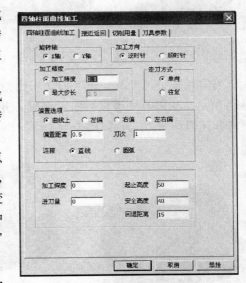

图 1-14　四轴柱面曲线加工参数设置

输入模型的加工精度后，计算所得模型的形状误差小于此值，即加工精度值越大，模型的形状误差越大，模型表面越粗糙；加工精度值越小，模型的形状误差越小，模型表面越光滑。当曲线的曲率变化较大时，不能保证每一点的加工精度都相同。

最大步长是所生成加工轨迹上的刀位点沿曲线按弧长分布的最大步距，最大步长越小，轨迹分段的数目越多，模型表面越光滑；但轨迹分段数目增多，轨迹数据量也随之增大。

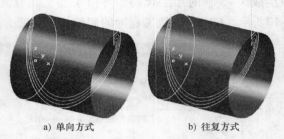

a) 单向方式　　　　b) 往复方式

图 1-15　走刀方式

④ 走刀方式。有单向和往复两种方式，如图 1-15 所示。单向是在刀次大于 1 时，同一层的刀迹轨迹沿着同一方向进行加工，这时，层间轨迹会自动以抬刀方式连接，精加工时为了保证槽宽和加工表面质量多采用此方式。往复是在刀具轨迹层数大于 1 时，层与层之间的刀迹轨迹可以走一个行间进给，然后沿着与原加工方向相反的方向继续进行加工，加工时为了减少抬刀次数以提高加工效率多采用此种方式。

⑤ 偏置选项。用四轴曲线方式加工槽时，有时也需要像在平面上加工槽那样，对槽宽作一些调整，以达到图样所要求的尺寸。此时，可以通过偏置选项达到这一目的。偏置分为曲线上、左偏、右偏和左右偏四种方式，如图 1-16 所示。

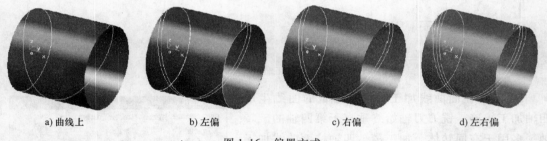

a) 曲线上　　　　　b) 左偏　　　　　　c) 右偏　　　　　d) 左右偏

图 1-16　偏置方式

当需要多刀加工时，输入刀次，则给定刀次后的总偏置距离 = 偏置距离 × 刀次，如图 1-17 所示。当刀具轨迹进行左右偏置，并且用往复方式加工时，两加工轨迹之间的连接有直线和圆弧两种方式，如图 1-18 所示。

a) 直线连接方式　　　　　b) 圆弧连接方式

图 1-17　偏置距离　　　　　　　　　　图 1-18　连接方式

⑥ 加工深度。从曲线当前所在的位置向下要加工的深度。

⑦ 进刀量。为了达到给定的加工深度，需要在深度方向上多次进刀时的每刀进给量。

⑧ 起止高度。刀具初始位置，起止高度通常大于或等于安全高度。

⑨ 安全高度。刀具在此高度以上的任何位置，均不会碰伤工件和夹具。

⑩ 回退距离。在切入或切削开始前的一段轨迹长度，这段轨迹以慢速下刀速度垂直向下进给。

⑪ 后置处理操作说明。生成后置代码时，后置文件请选择"fanuc_4axis_A"或"fanuc_4axis_B"，如图1-19所示。

四轴柱面曲线加工实例如图1-20所示。

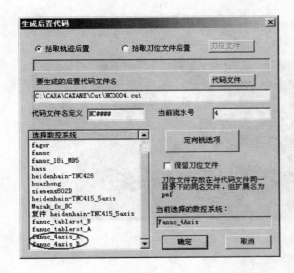

图1-19 后置文件的选择

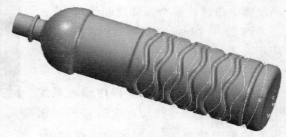

图1-20 矿泉水瓶子

2）四轴平切面加工。四轴平切面加工是指用一组垂直于旋转轴的平面与被加工曲面的等距面求交而生成四轴加工轨迹的方法，铣刀刀轴的方向始终垂直于第四轴的旋转轴，多用于加工旋转体及其上面的复杂曲面。

① 边界保护。有保护和不保护两种方式，如图1-21所示。保护就是在边界处生成保护边界的轨迹；不保护则是到边界处停止，不生成轨迹。

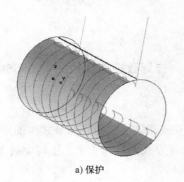

a) 保护

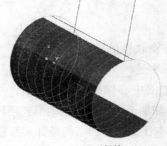

b) 不保护

图1-21 边界保护

② 优化。主要有相邻刀轴最小转角和最小步长两种方式。

相邻刀轴最小转角是指两个相邻刀轴间的最小夹角，其限制的是两个相邻刀位点之间的刀轴转角必须大于此数值，如果小了，就会忽略掉。图1-22a所示为没有添加此限制，图1-22b所示为添加了此限制，且最小刀轴转角为10°。

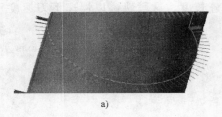 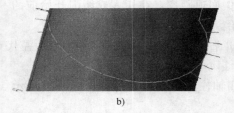

a)　　　　　　　　　　　　　b)

图1-22　优化对比图

最小步长是指相邻两个刀位点之间的最小直线距离。步长必须大于此数值，若小于此数值，可忽略不计。如果同时设定相邻刀轴最小转角和最小步长，则满足哪个条件，哪个条件就起作用。

四轴平切面加工实例如图1-23所示。

4. 数控加工程序的输入

将编辑好的数控加工程序输入系统中有两种方式：一种是直接通过控制面板上的编辑功能 ⊿ 将程序输入系统中，

图1-23　单叶片

再用自动功能 ⇥ 执行加工；另外一种是将计算机与机床系统连接，利用编程软件或专业传输软件的传输功能，通过控制面板上的DNC功能 ⊡ 将程序输入系统进行在线加工。

利用DNC功能进行传输加工时，要注意数据通信设置是否正确，其中最主要的设置参数是波特率。波特率（Baud Rate）也称调制速率，是指信号被调制后在单位时间内的变化，即单位时间内载波参数变化的次数。波特率是对符号传输速率的一种度量，1波特相当于每秒传输1个符号。机床系统与计算机的信号传输与接收是相同的，一般FANUC系统默认的波特率是9600。

🔍 想一想

计算机传输软件的波特率是指＿＿＿＿＿＿＿。查询数控四轴加工中心GSK983-MH系统默认的波特率是＿＿＿＿＿＿＿。

5. 四轴加工中心结构的选择

目前的四轴加工中心根据结构形式不同，主要有立式四轴加工中心和卧式四轴加工中心（图1-24）两种，本任务选择的结构是卧式四轴加工中心。（立式四轴加工中心也可完成本任务）

6. 后处理文件的选择

后处理文件的选择即后置处理（Post Processing），是数控加工中心自动编程要考虑的一个重要问题。必须根据数控机床的结构、控制系统的编程原理和通信接口等要求，对后置处理文件进行必要的修改和重新设置，才能满足数控加工的需要。CAXA 制造工程师等软件采用的专用后置处理系统提供了多种数控系统（如 FANUC 数控系统）的标准后置处理文件，可生成供多种数控机床使用的代码。

图 1-24　卧式四轴加工中心

🔍 **想一想**

　　CAXA 制造工程师软件的专用后置处理系统中，除提供了 FANUC 数控系统的标准后置处理文件以外，还提供了哪些数控系统的标准后置处理文件？至少写出 5 种：＿＿＿＿＿＿、＿＿＿＿＿＿、＿＿＿＿＿＿、＿＿＿＿＿＿、＿＿＿＿＿＿。

　　7. 后处理程序的修改

　　由于实际需要，很多情况下采用默认的后处理文件时，输出的 NC 文件是不能直接用于加工的，需要进行适当的修改。例如，一般默认输出的 NC 文件的工件坐标系是 G54，而部分控制器使用 G92 指令确定工件坐标系，这在多工位加工或多轴加工中是不满足要求的，需要从 G54～G59 工件坐标系指令中指定另一个或多个坐标系。可在对刀时把定义的工件坐标原点（机床坐标）值保存在 CNC 控制器的 G54～G59 指令参数中，CNC 控制器执行 G54～G59 指令时，调出相应的参数用于工件加工即可。

🔍 **想一想**

　　在 CAXA 制造工程师软件 FANUC 数控系统的后置处理系统输出的 NC 文件中，三轴加工中心默认输出的工件坐标系是 G54，四轴加工中心默认输出的工件坐标系是＿＿＿＿＿。

　　8. 数控加工程序的仿真检验

　　无论是采用语言自动编程方法还是图形自动编程方法生成的数控加工程序，其在加工过程中均可能发生过切、少切，所选择刀具、走刀路线、进退刀方式不合理，零件与刀具、刀具与夹具、刀具与工作台发生干涉和碰撞等问题，而编程人员事先往往很难预料到这些问题，结果可能导致工件形状不符合要求，出现废品，有时还会损坏机床和刀具。

　　目前，数控加工程序的检验方法主要有试切、刀具轨迹仿真（图 1-25）等。传统的试切方法在试切过程中不仅占用了加工设备的工作时间，需要操作人员在整个加工周期内进行监控，而且加工中的各种危险同样难以避免。而用计算机仿真模拟系统，在软件上实现零件的试切过程，将数控程序的执行过程在计算机屏幕上显示出来，是检验数控加工程序的有效方法。观察者可在屏幕上看到连续、逼真的加工过程，很容易发现刀具和工件之间的碰撞等，这是行业中比较常用的方法。

　　三、活动过程

　　1. 起动机床

　　完成表 1-8，并按表 1-9 中的顺序进行操作。

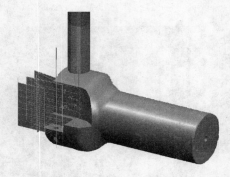

图 1-25   仿真检验

表 1-8   领料单

序号	材料、工具、量具、刃具名称	规格	数量	签名
1				
2				
3				
4				
5				
6				

表 1-9   开机顺序

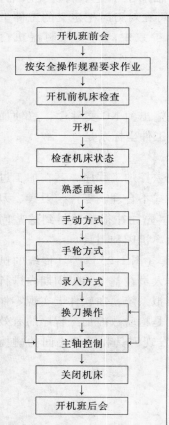

开机班前会内容:讨论面板操作过程中的注意事项和安全操作要点,以及上一班发生的问题和技术员提出的合理化建议

技术员按领料单领取材料、工具、量具、刃具等

1. 检查润滑油、切削液是否充足,发现不足应及时补充
2. 检查机床导轨及各主要滑动面,如有障碍物、工具、铁屑、杂物等,必须清理干净并上油

1. 打开机床总电源
2. 开启系统电源

完成主轴旋转、进给运动、刀库转位、切削液开/关等动作,检查机床状态,保证机床正常工作

2. 编辑并输入数控加工程序

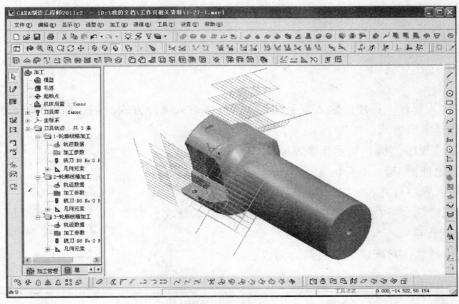

图 1-26 编程界面

（1）编程程序 本任务主要采用三轴加工方法编程，然后进行四轴后置处理加工，编程界面如图 1-26 所示，其四轴后置处理加工程序格式如下：

%

（专用刀杆粗加工 1）

（ = = = = = = = Path Index：1 = = = = = = = = = = = = = = = ）

（ path name：－ 1 － 轮廓线精加工）

N100 T1 M06；

N102 G90 G54 G 0 A0；

N104 S3000 M03；

N106 M07；

N108 X － 5. ；

N110 G43 H1 Z500. ；

…

N518 G 0 Z25. ；

N520 G90 G 0 X － 5. Y － 10. 551 Z － 31. 726 A120. ；

…

N1054 G 0 Z25. ；

N1056 G90 G 0 X － 5. Y － 10. 551 Z － 31. 726 A240. ；

…

N1674 G00 Z25. ；

N1676 G90 G00 X － 5. Y32. 751 Z6. 726 A0. ；

…

N2832 G00 A0. ;

N2834 M05;

N2836 M09;

N2838 M30;

%

（2）输入程序　程序的输入有手动输入和软件输入两种方式。创建程序的操作步骤为：

1）选择编辑方式。

2）按［程序］键，显示程序界面。

3）按地址键 O。

4）输入程序号并按［EOB］键。

程序创建后，可在计算机上对程序进行编辑，如修改、删除等。

3. 检测程序

通过仿真软件对程序进行检测，完成表 1-10。

表 1-10　程序检测表

序号	检测项目	检测结果	改进措施
1	是否发生过切	□是 □否	
2	是否发生少切	□是 □否	
3	刀具选择是否合理	□是 □否	
4	走刀路线是否合理	□是 □否	
5	进、退刀方式是否合理	□是 □否	
6	零件与刀具是否碰撞	□是 □否	
7	刀具与夹具是否干涉	□是 □否	
8	刀具与工作台是否碰撞	□是 □否	
组长确认			

4. 装夹毛坯

根据加工工艺要求，把毛坯装夹在附加轴＿＿＿轴或＿＿＿轴上，注意伸出长度要适当。

（注：毛坯如图 1-27 所示，已经由数控车床加工成半成品）

图 1-27　毛坯图

根据要求检查工件的装夹是否合理并记录。

毛坯装夹：□合理　□不合理　改进措施：_____

组长：_____

5. 安装刀具

当加工所需要的刀具比较多时，要将全部刀具在加工前根据工艺设计放置到刀库中，并给每一把刀具设定刀具号码，然后由程序调用。具体步骤如下：

1）将需要使用的刀具在刀柄上装夹好，并调整到准确尺寸。

2）根据工艺和程序的设计将刀具和刀具号一一对应。

3）主轴回 Z 轴零点。

4）手动输入并执行 "T01 M06"。

5）手动将 1 号刀具装入主轴，此时主轴上的刀具即为 1 号刀具。

6）手动输入并执行 "T02 M06"。

7）手动将 2 号刀具装入主轴，此时主轴上的刀具即为 2 号刀具。

8）将其他刀具按照以上步骤依次放入刀库（图 1-28），装刀结果示意图如图 1-29 所示。

图 1-28　刀库示意图　　　　　　　图 1-29　装刀结果示意图

根据要求检查刀具安装是否合理并记录。

刀具安装：□合理　□不合理　改进措施：_____

组长：_____

6. 设置和检验零件坐标

数控程序一般按零件坐标系编程，因此对刀过程就是建立零件坐标系与机床坐标系之间对应关系的过程。三轴加工中心或数控铣床一般是将零件_____中心点设为零件坐标系原点，而四轴加工中心通常是将零件左端面（立式）中心点或_____（卧式）中心点设为零件坐标系原点。本任务采用的是_____四轴加工中心。

常用的坐标检验一般可通过机床回零或机床控制面板的_____功能来实现。

7. 对刀

加工中心与数控铣床的最大区别在于加工中心有刀库。使用加工中心加工工件时，可把所需要的全部刀具一次性完成对刀并按顺序放进刀库，使用时机床会根据程序的 M06 指令调用相应的刀具进行加工。

要把全部刀具一次性对完刀并放进刀库，需要在对刀仪中将各刀的半径（指令为_____）或长度（指令为_____）记录下来，然后将数据输入机床（注意：刀库中的刀号与输入数据中的刀号要一一对应），这样就不需要在机床上对刀了。

用 Z 轴设定器和对刀仪设定 Z 轴的方法如图 1-30 所示。

a) Z轴设定器   b) 用Z轴设定器设定Z轴   c) 用对刀仪设定Z轴

图 1-30 Z 轴设定方法

👆 **小词典**

刀库：一般有斗笠式刀库、圆盘式刀库和链条式刀库，加工中心最常见的是圆盘式刀库和链条式刀库。圆盘式刀库也可称为固定地址换刀刀库，即每个刀位上都有编号，即刀位地址一般从 1 编到 12、18、20、24 等。操作者把一把刀具安装进某一刀位后，不管该刀具更换多少次，总是在该刀位内。链条式刀库又称机械手换刀刀库，它是随地址换刀，每个刀位上无编号，其最大优点是换刀迅速、可靠。

对刀步骤如下：

1）对 1 号刀（把 1 号刀设为基准刀）。在 MDI 状态下输入并执行_____指令，刀库就会转到 1 号刀的位置，这时在主轴上装上一把刀，这把刀就是 1 号刀（注意：要与编程中的刀号相对应）。一般情况下把 1 号刀设为基准刀，用 1 号刀直接或间接对工件进行对刀，然后把得到的坐标值写入机床坐标设定（G54～G59）上，完成 1 号刀的对刀工作。

2）对 2 号刀。在 MDI 状态下输入并执行_____指令，刀库就会转到 2 号刀的位置，这时在主轴上装上一把刀，这把刀就是 2 号刀。2 号刀的对刀实质上是使用 Z 轴设定器等仪器，将测量出的其与基准刀长度的差值写入刀偏设置的过程。

3）其他刀具的对刀方法与 2 号刀相同。

4）对刀后应对坐标和刀补进行检测，避免出现撞刀等事故或产生废品，并将检测结果填入表 1-11。

表 1-11　对刀检测表

序　号	检测项目	检测结果	改进措施
1	坐标设置	□正确 □有误	
2	基准刀对刀	□正确 □有误	
3	非基准刀对刀	□正确 □有误	
4	调刀动作	□正确 □有误	
5	刀补检验	□正确 □有误	
6	对刀熟练程度	□熟练 □生疏	
组长			

8. DNC 方式运行加工

加工中心在完成机床起动、程序编辑与检验、毛坯装夹、刀具安装、零件坐标系设置和对刀等一系列操作后，便可进入自动加工状态，完成工件最终的切削加工。加工运行方式有自动运行方式和 DNC 运行方式（也称在线加工）两种，本任务采用的是 DNC 运行方式。

注意：当使用 RS232 进行 DNC 通信时，必须使用 2.5mm^2 的导线将计算机外壳与机床的地线可靠地相连，否则会造成计算机与机床的损坏。在计算机和机床均关闭的情况下，才能连接和断开通信电缆，否则也会造成计算机与机床的损坏。

👆 **小词典**

刀具干涉：编制自由曲面数控加工程序时，首先需要根据设计意图生成描述自由曲面的数学模型，然后根据该模型生成数控加工刀位点（CL 点）轨迹。为保证在数控加工过程中不会发生刀具干涉，需要对生成的刀位点轨迹进行刀具干涉判别。由于刀具干涉现象严重影响数控加工质量，因此刀具干涉判别作为数控加工自动编程中的一个关键问题而受到了广泛重视。刀具干涉可分为刀具底面干涉和刀具侧面干涉（即刀杆碰撞干涉，如图 1-31 所示）。

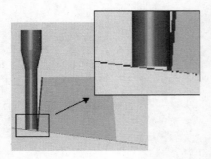

图 1-31　刀杆碰撞干涉

信息采集源：① 《金属切削手册》、《加工中心使用手册》、《机械工人切削手册》。
② 其他_____。

四、活动评价

完成项目评价表（见表1-12）。

表1-12　项目评价表

序　号	标准/指标		自我评价	教师评价
1	专业能力	工件装夹		
2		刀具装夹		
3		程序输入		
4	方法能力	对刀方法		任务是否完成
5		测量方法		
6		独立获取信息		
7	社会能力	对技术构成的理解力		
8		交流能力		
9		小组协作能力		

评价：

组长签名：

小提示

只有通过以上评价，才能往下学习哦！

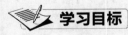

活动四　设备的维护与保养

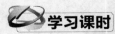 **学习目标**

1. 能进行四轴加工中心的日常保养。
2. 能按照车间现场管理规定整理现场。

学习地点

先进精密制造学习工作站。

学习课时

2课时。

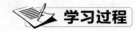 **学习过程**

掌握以下资讯与决策，才能顺利完成任务

一、学习准备

1. 四轴加工中心、清洁工具、全损耗系统用油、多媒体。
2. 四轴加工中心日常维护保养规范、6S 管理规定。

二、活动过程

1. 观看四轴加工中心保养视频，记录日常保养的内容和方法。

1）_____。

2）_____。

3）_____。

4）_____。

5）_____。

6）_____。

2. 分组保养四轴加工中心，并填写设备保养卡（见表 1-13）。

表 1-13　设备保养卡

保养项目	完成情况	备　注
清扫机床床身		
清扫机床导轨		
清扫机床附加轴		
清扫机床排屑槽		

3. 按照 6S 管理要求整理场地并记录结果（见表 1-14）。

表 1-14　场地记录卡

管理项目	完成情况	备　注
工具		
量具		
工件		
操作台		
场地打扫		

活动五　检测及误差分析

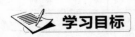 **学习目标**

1. 能进行零件检验和精度测量。

2. 能进行表面粗糙度的检测。

3. 能分析误差产生的原因。

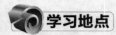 **学习地点**

先进精密制造学习工作站。

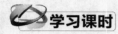 **学习课时**

2 课时。

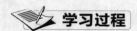 **学习过程**

掌握以下资讯与决策，才能顺利完成任务

一、学习准备

1. 派工单、图样、工艺卡、量具。

2. 表面粗糙度测量仪、表面粗糙度对照样板。

3. 《金属切削手册》、《机械工人切削手册》。

二、活动过程

1. 零件检测

（1）将专用刀杆加工的检测项目及结果填入表 1-15 中。

表 1-15　专用刀杆加工检测表

类　　型	检测项目		检测工具、量具	检测结果	是否合格
	公称尺寸	公　　差			
线性尺寸					
几何公差	项目名称	公差	—	—	—
表面粗糙度	部位	公差	—	—	—

（2）表面粗糙度的检测工具有哪些？请查阅资料，填写图 1-32 中检测工具的名称。

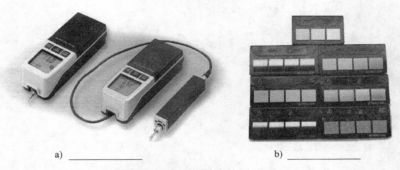

a) _____   b) _____

图 1-32　表面粗糙度检测工具

写出你所用检测工具的主要操作步骤：

_____

_____

（3）常用的检测工具、量具有哪些？请查阅资料，填写图 1-33 中各检测工具、量具的名称。

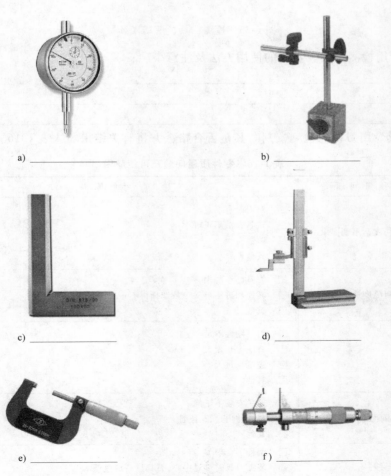

a) _____   b) _____

c) _____   d) _____

e) _____   f) _____

图 1-33　检测工具、量具

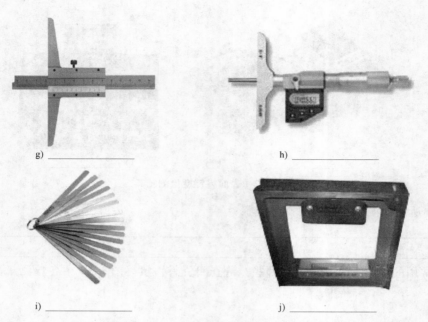

g) _____ h) _____

i) _____ j) _____

图 1-33　检测工具、量具（续）

写出你所用检测工具、量具的使用方法及注意事项：

_____

_____

_____

（4）完成专用刀杆的检测，判断其是否合格，并将有关结果填入表 1-16。

表 1-16　零件质量问题及可能原因

序号	质 量 问 题	可 能 原 因
1	尺寸精度达不到要求	□　对刀时有误差 □　量具握法不正确 □　读数有误 □　其他
2	表面粗糙度达不到要求	□　刀具已经磨损 □　转速和进给量等参数选择得不正确 □　其他
3	崩刀	□　刀具刚性不足 □　背吃刀量太大 □　进给量过大 □　其他
4	零件表面出现振纹	□　刀具安装不正确 □　零件伸出过长，刚性差 □　其他
5	刀具干涉	□　编程不合理 □　装夹刀具时没对中心，刀具过高或过低 □　其他

（续）

序号	质量问题	可能原因
6	撞刀	☐ 对刀时坐标数值输入错误 ☐ 对刀过程中步骤错误 ☐ 程序编写错误 ☐ 其他
7	刀粒不能正确安装	☐ 安装槽尺寸超差 ☐ 螺纹孔位置尺寸不正确 ☐ 螺纹孔参数出错 ☐ 其他

2. 质量分析

针对表 1-16 中造成零件不合格的原因提出相关改进措施。

_____

_____

_____

三、活动评价

完成项目评价表（见表 1-17）。

表 1-17 项目评价表

序号	标准/指标		自我评价	教师评价
1	专业能力	表面粗糙度		
2		尺寸精度		
3	方法能力	对刀方法		任务是否完成
4		测量方法		
5		独立获取信息		
6	社会能力	对技术构成的理解力		
7		交流能力		
8		小组协作能力		

评价：

组长签名：

小提示

只有通过以上评价，才能往下学习哦！

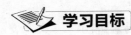

活动六　工作总结与评价

学习目标

1. 能正确按模板进行工作总结。

2. 能正确填写评价表格。

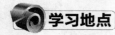 **学习地点**

先进精密制造学习工作站。

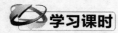 **学习课时**

3 课时。

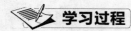 **学习过程**

掌握以下资讯与决策，
才能顺利完成任务

一、学习准备

1. 派工单、图样、工艺卡、工艺方案、程序单、精度检验单、互联网。
2. 零件。
3. 工作总结模板、评价表格。

想一想

1. 为什么要撰写工作总结？

_____

_____

_____

2. 工作总结如何撰写？

_____

_____

_____

二、活动过程

成功了吗？　　检查了吗？　　评价了吗？　　反馈了吗？

时　　间：_____　地　　点：_____班级/组：_____

指导教师：_____　任务名称：_____

1. 调查问卷

（1）总体评价

教学内容　　　　　　容易理解□　　　　　　　　不易理解□

理由/说明：_____

教学目标　　　　　　容易理解□　　　　　　　　不易理解□

理由/说明：_____

对解决专业问题的指导　　　　容易理解□　　　　　　　　　不易理解□

理由/说明：_____

（2）各工作阶段的独立性（见表1-18）

表1-18　独立性判断表

行动阶段	是	否	教师给予的帮助
确定目标(选定途径)			
获取信息/制订计划			
作出决策/实施计划			
控制/评估			

（3）对小组教学和团队合作的评价

评价	＋＋＋	＋＋	＋	－
聆听	□	□	□	□
接受别人的思想	□	□	□	□
让别人充分表达意见	□	□	□	□
接受批评	□	□	□	□

（4）记录和建议

写下工作过程中发生的问题及其解决方法，并写出你对活动的建议。

2. 工作效果

（1）计划能力评价（见表1-19）

表1-19　计划能力评价表

标准/指标	优	良	中	差
界定问题的范围				
明确任务目标				
检查现有状况、系统和故障来源				
对解决问题的办法进行可行性估计				
编制计划的能力				
实施工作计划的能力				
根据需要灵活调整计划的能力				

（2）独立获取信息能力评价

评价	＋＋＋	＋＋	＋	－
随时准备获取信息	□	□	□	□
利用专业书籍（工具书）	□	□	□	□
运用数据表格	□	□	□	□
利用非印刷媒体	□	□	□	□
利用图书馆	□	□	□	□

（3）协作能力评价（见表1-20）

表1-20 协作能力评价表

标准/指标	优	良	中	差
考虑到问题的难度				
接受其他人的意见和建议				
可信、可靠				
具有责任心				
与他人配合完成任务				

（4）课业评价（见表1-21）

表1-21 课业评价表

项 目	自我评价			小组评价			教师评价		
	10~8	7~6	5~1	10~8	7~6	5~1	10~8	7~6	5~1
参与度									
工作态度									
规程和制度执行情况									
叙述和解读任务情况									
服从工作安排情况									
完成加工任务情况									
零件自检情况									
清理工作现场情况									
展示汇报情况									
总 评									

 小提示

恭喜你！你已经完成了第一个工作任务，请继续努力完成下面的工作任务吧！

工作任务二

加工电动自行车轮胎模（五轴）

任务情境

　　某公司的业务部门主管接到一张订单，要求生产3套电动自行车轮胎模，来料加工，尺寸见图2-1。现主管将该任务交给小张，并要求其在4天之内完成任务。

　　小张接到加工任务后，制订了加工方案，经部门主管审核后，选用刀具和设备，对零件进行加工。加工完成后，小张依照图样和技术要求检测零件，按规范放置零件后送检和签字确认，并填写相关表格。

　　整个工作过程应遵循6S管理规范。

学习目标

1. 能描述五轴加工中心的结构和功能，并能按五轴加工中心的安全操作规程进行操作。

2. 能根据派工图设计夹具，正确绘制夹具图。

3. 能根据五轴加工中心的结构选择后置处理文件，并使用仿真软件验证程序。

活动一　接受加工任务

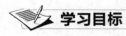

学习目标

1. 掌握五轴加工中心相关专业术语。
2. 能表述五轴加工中心各机械部件的名称和作用。

学习地点

先进精密制造学习工作站。

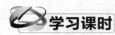

学习课时

10课时。

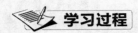

掌握以下资讯与决策，
才能顺利完成任务

一、学习准备

1. 派工单、图样、工艺卡、多媒体、互联网。

2. 五轴加工中心。

3. 安全操作规程、《金属切削手册》、《加工中心使用手册》、《机械工人切削手册》《工业自动化系统与集成　机床数值控制坐标系和运动命名》（GB/T 19660—2005）。

二、派发任务

完成小组成员组成表和派工单，见表2-1和表2-2。

表 2-1　小组成员组成表

小组成员名单	成员特点	成员分工	备　　注

表 2-2　派工单

产品名称	电动自行车轮胎模		任务号	002	派工员	
使用机床号		要求完成日期		实际完成日期		
图号/名称	数量	合格品	不良品	未完成	检验员	检验日期
图2-1/电动自行车轮胎模（花纹块）						
备注						
确认栏	派货人（班长）：		领货人（组长）：		车间主任（指导教师）：	

查找相关资料，将不懂的术语记录下来。

_____

_____

_____

_____

_____

_____

信息采集源：《金属切削手册》、《机械工人切削手册》、《数控机床坐标和运动方向的命名》。

三、派发生产图样（分析图样）

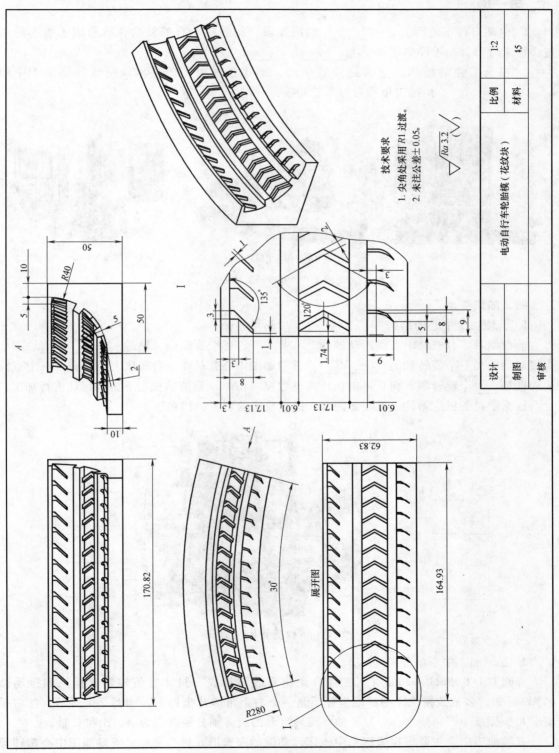

图 2-1　电动自行车轮胎模（花纹块）

🔍 **想一想**

1. 电动自行车轮胎上有一_____°的圆弧段，轮胎模特有的复杂花纹形成了细小的沟壑，加工时刀具和工件侧壁易发生_____或_____。

2. 根据工件的结构，为满足批量生产、高效合理加工的要求，应选择图 2-2 中的（　　　　　　　　　）加工电动自行车轮胎模。

a) 三轴加工中心　　　　　b) 四轴加工中心　　　　　c) 五轴加工中心

图 2-2　多轴加工中心

四、知识要点

1. 五轴加工中心的结构

前面学习了只有两个直线运动轴的_____、三个直线运动轴的_____、三个直线运动轴加一个旋转轴的_____。五轴加工中心就是在一台机床上至少有___个直线运动轴加___个旋转轴，而且可以在计算机数控（CNC）系统的控制下协调运动进行加工。

根据学过的机床结构，填写如图 2-3 所示机床的重要结构名称。

图 2-3　五轴加工中心的结构

2. 五轴加工中心的分类

查阅 GB/T 19660—2005（《工业自动化系统与集成　机床数值控制坐标系和运动命名》）可知，多轴数控机床的标准坐标系是一个右手笛卡儿坐标系，如图 2-4 所示。在右手笛卡儿坐标系中，将绕 X、Y 和 Z 轴作旋转运动的旋转轴分别命名为 A、B 和 C 轴。

五轴加工中心主要根据坐标系中机床运动轴的布置形式进行分类。五轴加工中心旋转部件的运动方式各有不同，有的设计成刀具（主轴）摆动形式，有的设计成工件（工作台）

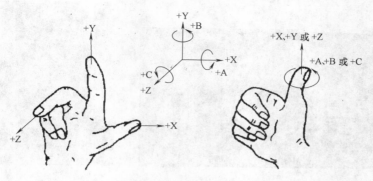

图 2-4　右手笛卡儿坐标系

摆动形式，大体可以分为如图 2-5 所示的三种形式：_____、_____ 和_____。

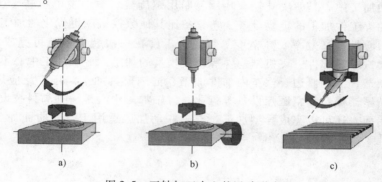

图 2-5　五轴加工中心的运动形式

　　根据旋转主轴的不同，旋转主轴头加旋转工作台又可以分为：B 轴布置在主轴上并作摆动运动，C 轴布置在工作台上并作旋转运动，称其为_____型，如图 2-6a 所示；A 轴布置在主轴上并作摆动运动，C 轴布置在工作台上并作旋转运动，称其为_____型，如图 2-6b 所示。

图 2-6　旋转主轴头加旋转工作台五轴联动机床的形式

　　两轴旋转工作台又可以分为：A 轴和 C 轴布置在工作台上，两轴都是摆动轴，称其为__ _____型，如图 2-7a 所示，这是五轴联动机床上最常见的形式；B 轴和 C 轴布置在工作台上，B 轴带动工作台运动，在结构上类似于耳式工作台，称其为_____型，如图 2-7b 所示。

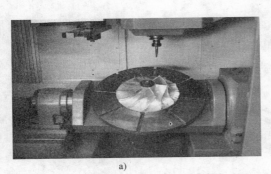

图 2-7   两轴旋转工作台五轴联动机床的形式

3. 五轴加工中心的功能

目前，五轴加工中心是解决叶轮、叶片、船用螺旋桨、重型发电机转子、汽轮机转子、大型柴油机曲轴等工件加工的重要设备，它具备比其他数控机床更优化的加工能力。

五轴加工中心具有高效率、高精度等特点，工件在一次装夹中就可完成复杂的加工工作，能够适应如汽车零部件、飞机结构件等现代模具的加工。五轴加工中心不仅应用于民用行业，如木模制造、卫浴修边、汽车内饰件加工、泡沫模具加工，还广泛应用于航空航天、军事、科研、精密器械、高精医疗设备等行业。五轴加工中心是一种高科技设备，几乎可以加工所有空间曲面，还可以完成异型加工。五轴联动加工适用于空间曲面加工、异型加工、镂空加工、打孔、斜切等。

🔍 **想一想**

根据上文或查阅相关资料，填写图 2-8 中五轴加工中心加工产品名称。

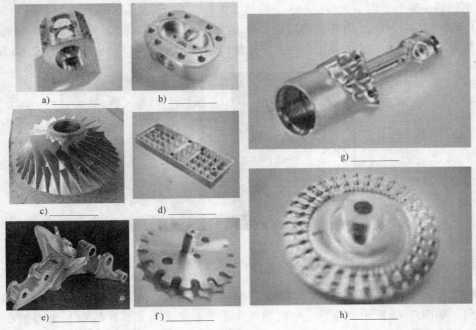

图 2-8   五轴加工中心加工产品图

4. 加工中心安全操作规程

（1）在了解工作场地安全操作规程后，独立完成以下内容的选择。

1）查阅说明书，你所使用的五轴加工中心的主轴转速为（　　　）r/min。

A. 20～10000　　　　　B. 30～14000　　　　　C. 30～18000

2）为确保工作安全，开门加工的最高转速为（　　　）r/min。

A. 800　　　　　　　　B. 1000　　　　　　　　C. 2000

3）查阅说明书，你所使用的五轴加工中心的一体式摆动回转工作台的摆动范围为（　　　）。

A. ϕ630mm×500mm　　B. ϕ800mm×620mm　　C. ϕ700mm×620mm

4）查阅说明书，你所使用的五轴加工中心的一体式摆动回转工作台的摆动角度为（　　　）。

A. －5°～110°　　　　　B. －10°～95°　　　　　C. －20°～100°

5）查阅说明书，你所使用的五轴加工中心的X、Y、Z轴的最大行程分别为（　　　）。

A. 800mm、700mm、650mm　　　　　B. 750mm、600mm、520mm

C. 500mm、450mm、400mm

6）查阅说明书，你所使用的五轴加工中心的一体式摆动回转工作台的最大装载量是（　　　）。

A. 400/500kg　　　　　B. 200/300kg　　　　　C. 350/400kg

7）DMG SMARTkey®-电子化访问控制中，模式一是（　　　）。

A. 关门加工　　　　　B. 开门加工　　　　　C. 开门高速加工

8）DMG SMARTkey®-电子化访问控制中，开门高速加工是（　　　）。

A. 模式一　　　　　　B. 模式二　　　　　　C. 模式三

（2）以小组为单位，分别进行安全操作规程模拟演练和制作安全操作规程海报的比赛，通过展现和展示，评出各小组的名次，从而达到学习安全操作规程的目的。然后根据此次活动谈谈你的看法。

五、活动过程

各小组根据图 2-1 所示零件图分析零件：

1. 零件总长度为_____mm，从里到外依次为：大圆半径_____mm，小圆半径_____mm。

2. 花纹块的表面粗糙度值为 Ra _____μm。

3. 零件毛坯材料为 45 钢，其强度、硬度、塑性等力学性能以及切削性能、热处理性能等加工工艺性能好，便于加工，能够满足使用要求。毛坯下料尺寸为_____mm×_____mm×_____mm。

六、活动评价

各组选出优秀成员在全班讲解零件图的分析过程和结果，通过小组互评、教师点评评出小组名次。

活动二　制订加工方案

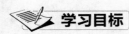

学习目标

1. 能正确计算五轴加工中心的刀具参数。
2. 能设计并加工满足加工需要的夹具。
3. 能表述五轴加工中心加工方案。
4. 能正确建立五轴加工坐标系。

学习地点

先进精密制造学习工作站。

学习课时

20 课时。

学习过程

掌握以下资讯与决策，才能顺利完成任务

一、学习准备

1. 工艺卡、图样、互联网、多媒体。
2. 刀具、工艺方案。
3. 安全操作规程、《金属切削手册》、《加工中心使用手册》、《机械工人切削手册》。

二、引导问题

1. 在三轴加工中心上，球头铣刀与加工面的接触是_____接触，如图 2-9a 所示，这种情况下刀具的切削效果比较差。而在五轴加工中心上，可以使刀具与曲面之间有一定的夹角，与加工面为_____接触，如图 2-9b 所示，从而优化了刀具的_____环境。分析工件图，图 2-9c 中的哪些位置需要使用这种方法，请用笔画出来。

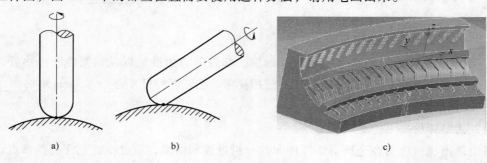

a)　　　　　　　　　b)　　　　　　　　　　　c)

图 2-9　优化刀具切削环境

2. 在三轴加工中心上粗加工凹槽的过程中，如图 2-10a 所示，经常会出现过切或欠切的情况。查阅相关资料，在五轴加工中心上可以通过如图 2-10b 所示的方法，即_____来避免过切的发生。

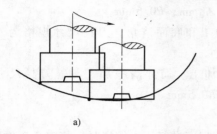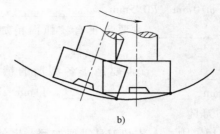

图 2-10　避免刀具过切

3. 使用三轴加工中心时经常会出现如图 2-11a 所示的情况，通常采用_____方式来解决。查阅相关资料，在五轴加工中心上，可以采用如图 2-11b 所示的方法，即控制_____来调整角度，减少装夹次数，从而提高产品的精度和减小表面粗糙度值。

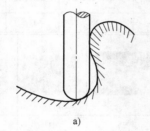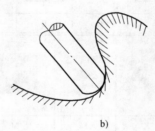

图 2-11　提高加工质量

4. 使用三轴加工中心时经常会出现如图 2-12a 所示的情况，用球刀清角时会留下较多余量，通常采用_____方式来解决。查阅相关资料，在五轴加工中心上，可以采用如图 2-12b 所示的方法，充分利用平刀的特点改变刀轴的方向，使清角更彻底。

a) 球刀清角　　　　b) 平刀清角

图 2-12　清角

三、活动过程

1. 选择刀具

按照三维模型，根据工作任务一中的图 1-8，选择完成本工作任务所需的刀具_____、_____、端铣刀、_____。

（1）＿＿＿＿＿＿　主要用于毛坯的开粗加工和两个倾斜端面的粗加工，刀具尺寸规格为＿＿＿＿＿＿＿。

（2）＿＿＿＿＿＿　主要用于花纹块型腔的开粗加工、型腔底面的清根精加工等，刀具尺寸规格为 $\phi10mm$、$R0.5mm$，＿＿＿＿＿＿＿，$\phi8mm$、$R0.5mm$。

（3）＿＿＿＿＿＿　主要用于直纹弧面精加工和底面清角，刀具尺寸规格为＿＿＿＿＿＿＿。

（4）＿＿＿＿＿＿　主要用于各型面的精加工、局部清根加工等，刀具尺寸规格为 $\phi6mm$、$R3mm$，＿＿＿＿＿＿，＿＿＿＿＿＿，$\phi1mm$，$R0.5mm$。

2. 装卸刀具

在五轴加工中心上装卸刀具需要按照一定的程序进行。查阅资料，将表 2-3 中所列机床上按键或图标的序号填入表后内容后的横线上。

表 2-3　机床上的按键和图标

按键或图标									
序号	A	B	C	D	E	F	G	H	I
按键或图标									
序号	J	K	L	M	N	O	P	Q	

（1）手动拆刀和装刀

1）进入手动模式。＿＿＿＿＿＿

2）按刀具表软键，进入刀具表。＿＿＿＿＿＿

3）打开编辑开关。＿＿＿＿＿＿

4）建立除已有刀具以外的刀具。＿＿＿＿＿＿

5）按结束键。＿＿＿＿＿＿

6）进入 MDI 模式。＿＿＿＿＿＿

7）调用刚建立的刀具。＿＿＿＿＿＿

8）按开始键。＿＿＿＿＿＿

9）显示要更换的刀具。＿＿＿＿＿＿

10）按开门键，打开工件间门。＿＿＿＿＿＿

11）按换刀键，屏幕"T"开始闪烁。＿＿＿＿＿＿

12）旋转换刀按钮，听到有松夹的声音。＿＿＿＿＿＿

13）注意刀具的缺口方向，放刀具到位，松开换刀按钮，听到夹紧的声音，松开刀具。＿＿＿＿＿＿

14）刀具设定在主轴，关闭工作间的门。＿＿＿＿＿＿

15）屏幕显示更换刀具，刀具已经换入。

16）确认换刀完成。_____

17）换刀结束。

（2）手动拆除刀库以外的刀具

1）进入 MDI 模式。_____

2）按刀具表软键，进入刀具表。_____

3）打开编辑开关。_____

4）调用零号刀具。_____

5）按开始键。_____

6）屏幕显示从轴上取下刀具。_____

7）按开门键开工作间门。_____

8）按换刀键。_____

9）屏幕"T"开始闪烁。_____

10）用手拿住刀具。_____

11）旋转拆刀旋钮，拆除刀具。_____

12）关闭工作间的门。_____

13）屏幕显示 T0。_____

14）屏幕显示从轴上取下刀具，完成拆刀。

（3）将刀具装入刀库

1）进入 MDI 模式。_____

2）按刀具表软键，进入刀具表。_____

3）把光标移到要装入刀具的一行。

4）按刀库管理软键。_____

5）按刀具拆除软键。_____

6）待屏幕显示 1.20（1 号刀库，20 号刀位），说明刀库已经准备好。

7）因为只是装刀，并不是真正拆除，所以按中断键结束。_____

8）打开后面的刀库门，放入刀具，注意缺口方向在里面，完成刀库装刀。

（4）刀库拆刀

1）进入 MDI 模式。_____

2）按刀具表软键，进入刀具表。_____

3）把光标移到要拆除刀具的一行。

4）按刀库管理软键。_____

5）按刀具拆除软键。_____

6）屏幕显示 1.32（1 号刀库，32 号刀位）。

7）按中断软键，不清除刀具参数。_____

8）手动清除刀具数据，完成刀具的拆除。

3. 编制加工方案

🔍 **想一想**

查阅资料，解释以下概念。

3+2 轴加工：_____

五轴联动加工：_____

五轴定位加工：_____

使用五轴加工中心加工产品时，工艺规程的制订对产品的质量有很大影响，尤其是复杂的产品要求更高，需要很好地规划粗加工、精加工等的加工策略。应在试验和经验的基础上，合理安排产品的粗加工余量、加工步距、加工深度、主轴转速、进给量等参数。同时，还要结合机床状况，针对不同的加工对象，对刀具材料、切削方式等进行细致的分析。

电动自行车轮胎模的加工工艺路线是：_____→_____→_____→_____。

（1）粗加工　毛坯是一个四方的 45 钢件，粗加工的目的是大面积、快速地去除多余材料，使开粗后的毛坯接近零件形状，同时要做到_____、_____。对毛坯进行粗加工时多采用分层切削的方法，每层环形走刀或平行走刀，层间螺旋下刀。具体做法是"_____、_____"，即取较小的切削量、较快的进给速度，以保证工件的加工质量和效率，同时可以保护刀具。对于复杂的型腔，可以使用大、小几把刀具分别开粗，将上一道工序加工完的几何体作为下一道工序的毛坯来使用，以提高加工效率和连续进给率。加工本模具时应采用_____加工策略：作第一次开粗，去除大量毛坯余量，如图 2-13a 所示；型腔部分选用_____刀快速去除毛坯的多余材料；去除两侧面的多余材料时，必须创建垂直于两侧端面的坐标系，从而建立_____加工方式，如图 2-13b 所示。

a)　　　　　　　　　　　　　　　　a)

图 2-13　粗加工方式

（2）半精加工　半精加工介于粗加工和精加工之间，由于粗加工是大进给量、快速地去除多余材料，导致工件的余量不是很均匀。为了使精加工时刀具受力减小和得到较小的加工余量，可根据零件公差要求及加工材料的特点灵活地采用半精加工策略。

加工本模具时采用_____加工策略，用_____和_____刀高速切削，去除工件表面平刀切削不到的地方，使工件的表面加工余量均匀，为精加工提供有利条件。第一次使用_____刀进行半精加工，如图 2-14a 所示，选择的行距为 0.7mm，加工余量为 0.3mm；第二次使用_____刀进行半精加工，如图 2-14b 所示，选择的行距为 0.3mm，加工余量为 0.1mm。这样加工，可使工件表面的加工余量均匀，减少了精加工刀具的磨损，降低了

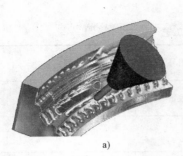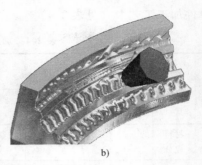

a)　　　　　　　　　　　　　　b)

图 2-14　半精加工方式

断刀的可能性。

（3）精加工　精加工的目的是达到要求的表面质量和尺寸、几何精度。工件的表面质量和尺寸、几何精度在精加工阶段取决于刀具与工件接触点的位置，而刀具与工件接触点的位置随着加工表面的曲面斜率和刀具有效半径的变化而变化。对于由多个曲面组合而成的复杂曲面，应尽可能在一个工序中进行连续加工，而不是对各个曲面分别进行加工，以减少抬刀与下刀的次数。一般情况下，应避免进给方向的突然变化。

本例的精加工采用了连续五轴加工策略中的＿＿＿＿＿＿和＿＿＿＿＿＿加工策略，分别如图 2-15a、b 所示。

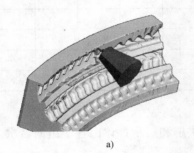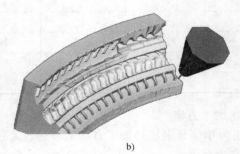

a)　　　　　　　　　　　　　　b)

图 2-15　精加工方式

（4）清根　清根也称局部精加工。由于本例模型底座在精加工中无法加工到位，用球刀加工也不理想，因此精加工后应采用＿＿＿＿＿＿策略，用＿＿＿＿刀进行加工，既节约了时间，表面也很光滑，如图 2-16 所示。

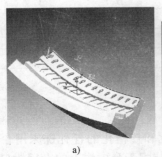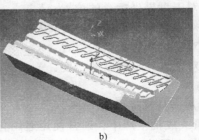

a)　　　　　　　　　　　　　　b)

图 2-16　清根方式

4. 编制单件加工工艺卡（见表2-4）

表2-4　加工工艺卡

（单位名称）	加工工艺卡	产品名称		图号				

（单位名称）	加工工艺卡	产品名称		图号			第　页
		零件名称		数量			
材料种类		材料成分		毛坯尺寸			共　页

工序	工步	工序内容	车间	设备	夹具		切削用量			计划工时	实际工时
					刀具		背吃刀量	进给量	主轴转速		
					类型	尺寸					

更改号		拟定		校正		审核		批准	
更改者									
日　期									

5. 表述加工方案

以小组为单位分别进行加工方案的表述，通过讲解和展示，评出各小组的名次。

6. 建立坐标系

数控机床的加工是由程序控制完成的，所以坐标系的建立与使用非常重要。

在五轴加工中，需要根据不同的加工要求建立多个坐标系，新建立的坐标系需要相对于世界坐标系作移动和旋转。写出你所建立的坐标系相对于世界坐标系的位置和角度。

坐标系 1 相对于世界坐标系的位置：X ＿＿＿＿＿＿　Y ＿＿＿＿＿＿　Z ＿＿＿＿＿＿

坐标系 1 相对于世界坐标系的角度：A ＿＿＿＿＿＿　B ＿＿＿＿＿＿　C ＿＿＿＿＿＿

坐标系 2 相对于世界坐标系的位置：X ＿＿＿＿＿＿　Y ＿＿＿＿＿＿　Z ＿＿＿＿＿＿

坐标系 2 相对于世界坐标系的角度：A ＿＿＿＿＿＿　B ＿＿＿＿＿＿　C ＿＿＿＿＿＿

坐标系 3 相对于世界坐标系的位置：X ＿＿＿＿＿＿　Y ＿＿＿＿＿＿　Z ＿＿＿＿＿＿

坐标系 3 相对于世界坐标系的角度：A ＿＿＿＿＿＿　B ＿＿＿＿＿＿　C ＿＿＿＿＿＿

7. 设计夹具

（1）铣床专用夹具选择原则

1）在小批量或成批生产中，通常使用通用化和规格化的各种铣床用台虎钳。另外，需要根据工件的形状和尺寸以及工艺定位要求设计装配于台虎钳上的专用钳口。设计专用钳口时，应使切削力的方向朝向固定钳口，以保证在夹紧时不致有抬起工件的趋势。

2）在小批量或成批生产中，通常采用带刻度的回转盘进行工件的多面铣削或分度铣削加工。

3）在大批量生产中，应设计专用夹具完成各种不同要求的铣削加工，并尽量设计多件加工、联动夹紧或气动夹紧的夹具。

4）在大批量生产中，为了缩短设计和制造周期，往往采用通用化和规格化的立轴或卧轴回转分度盘，根据工件的形状及工艺定位装夹要求，配以专门设计的专用夹具来完成工件的多面铣削或分度铣削加工。

（2）铣床专用夹具结构设计原则

1）由于铣削过程不是连续切削，且加工余量较大，所以不但所需的切削力较大，而且切削力的大小及方向随时都可能发生变化，致使在铣削过程中产生振动。因此，铣床夹具要有足够的夹紧力，夹具结构要有足够的刚性。

2）为了提高铣床夹具的刚性，工件待加工表面应尽量不超出工作台，在确保夹具有足够排屑空间的前提下，应尽量降低夹具的高度，一般夹具高度与宽度之比为 1~1.25。

3）对于以铸件、锻件毛坯面定位的铣床夹具，应以毛坯图作为设计夹具的依据，以免由于对工件毛坯余量的尺寸和几何误差、分型面或浇冒口等问题考虑不周而影响夹具的合理性和可靠性。

4）以工件毛坯面定位时，为避免毛坯误差，应设置若干个辅助支承。

5）铣削过程中要特别注意容易变形的部位，并设置必要的辅助支承。

6）为了获得较大的夹紧力，在铣床夹具中应尽可能采用扩力机构。

7）为了防止工件在加工过程中因振动而松脱，夹紧装置应具有足够的自锁能力。

8）从侧面压紧工件的着力点应低于工件侧面的支承点，并使其产生作用在支承点上的合力。

信息采集源：《金属切削手册》、《机械工人切削手册》。

四、活动评价

完成项目评价表（见表2-5）。

表2-5 项目评价表

序 号	标准/指标		自我评价	教师评价
1	专业能力	资料阅读		任务是否完成
2		信息收集		
3		工艺制订		
4		装夹定位		
5		刀具选择		
6	方法能力	表格填写		
7	社会能力	小组协作		

评价及改进措施：

组长签名：

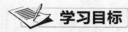

小提示

只有通过以上评价，才能继续往下学习哦！

活动三 加 工

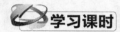

学习目标

1. 能熟练操作五轴加工中心数控操作面板。
2. 能进行刀具长度补偿设置。
3. 能进行五轴加工中心的编程、后置处理文件的选择与修改。
4. 能应用多轴仿真模块进行五轴仿真加工。
5. 能进行五轴加工中心的传输设置。

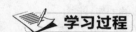

学习地点

先进精密制造学习工作站。

学习课时

40 课时。

学习过程

掌握以下资讯与决策，
才能顺利完成任务

一、学习准备

1. 工艺卡、图样、程序单、互联网、多媒体。
2. 五轴加工中心、计算机、量具、刀具、辅件刀具。
3. 安全操作规程、6S 管理规定、《金属切削手册》、《机械工人切削手册》。

二、知识要点

1. 五轴加工中心数控操作面板

五轴加工中心（以 HEIDENHAIN iTNC 530 为例）的操作面板如图 2-17 所示，其按功能可划分为 8 个区。

1）标题区。启动 TNC 后，标题区将显示所选的操作模式。

2）屏幕布局设置键。

3）软键区。屏幕的底部有一行提供其他功能的软键，可通过按下其正下方的软键选择键来选择其他功能。

4）软键选择键。

5）软键行切换键。

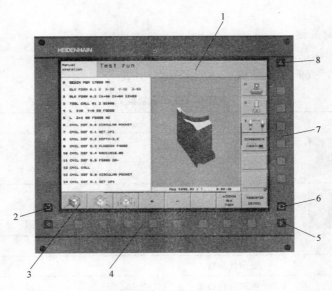

图 2-17　操作面板功能划分

6）加工和编程模式切换键。

7）垂直布置的功能建。

8）垂直布置的功能键的切换键。

五轴加工中心操作面板按键分区如图 2-18 所示。

图 2-18　操作面板按键分区

1）字母键盘。

2）文件管理器、计算器 MOD 功能、帮助功能。

3）机床操作模式。

4）编程模式。

5）编程对话的初始化。

6）鼠标触摸板。

7）位移键。

8）smart. NC 浏览键。

9）数字输入和轴的选择。

根据以上介绍，查阅相关资料完成表 2-6 的内容。

表 2-6　按键区功能说明

序号	按键	功能说明
1		
2		
3		程序管理:管理和删除程序
4		显示计算器
5		附加运行功能
6		帮助功能
7		错误通告显示
8		
9		
10		
11		
12		
13		
14		系统功能
15		编程的暂停/中断
16		特殊功能
17		可编程的程序调用
18	CYCL CALL	定义和调用循环
19	TOOL CALL	定义和调用刀具
20	LBL CALL	标识/调用子程序和循环

（续）

序号	按键	功能说明
21		程序的保存和编辑
22		程序测试用图形化模拟演示
23	APPR DEP	移动到轮廓并离开轮廓
24	FK	
25	CHF	
26	L	
27	CR	
28	RND	
29	CT	
30	C CC	
31	P	极坐标输入（圆周说明）
32	I	链式尺寸输入（增量说明）
33	Q	参数设置替代参数数值
34	IV	第四轴
35	V	第五轴
36		
37		
38		smart. NC 上一个选择表格

（续）

序号	按键	功能说明
39		
40		
41		
42		
43		
44		
45		
46		

2. 刀具长度补偿设置

DMG 属于高端加工中心，机床配备了高端的探针探测功能，在校正好探针测头的情况下，可以进行自动对刀并进行补偿设置。

查阅资料，了解自动探测循环的步骤，并把表 2-7 中按键与图标的序号填入表格下方内容后的横线上（可以选择多项和一项多用）。

表 2-7　供选择按键和图标

按键    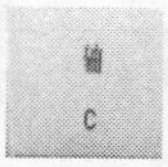     								
序号	1	2	3	4	5	6	7	8	9

按键         								
序号	10	11	12	13	14	15	16	17	18

按键  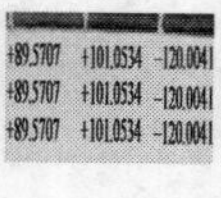      								
序号	19	20	21	22	23	24	25	26	27

1）选择单段方式。_____

2）按程序管理键，调用自动探测循环程序。_____

3）调用探头。_____

4）激活探头。_____

5）按手动模式键。_____

6）通过方向键或手轮调整探头，使其处于大约离工件 2～20 处。

7）工件应尽量放平。

8）按方向键设定原点。_____

9）选择 C 轴并输入坐标值。_____

10）按确认键。

11）X 轴设零，Y 轴设零并确认。_____

12）Z 轴设零并确认。

13）进入预设表查看坐标。

14）设定 1 号坐标系为当前坐标系，把参数复制到 1 号坐标系中。

15）按结束键。_____

16）选择单步运行模式。_____

17）指定 1 号坐标系原点为当前原点。

18）屏幕显示为 1 号原点。

19）执行 403 自动摆动探测循环。

20）进入手动模式。

21）进入预设表，查看 C 轴是否摆动。

22）进入单步运行模式。_____

23）把原点设定在工件的左上角，执行 414 循环。_____

24）进入手动模式。_____

25）进入预设表，查看坐标的变化情况，完成工件零点的自动设定。_____

26）其他刀具以此为基准长度进行半径补偿。

3. 五轴加工中心编程、后置处理文件的选择与修改

五轴加工中心自带手动编程功能，可以加工一些比较简单的轮廓和固定循环。但生产中经常会用到五轴联动加工，需要同时进行线性轴（____个轴）和旋转轴（____个轴）的加工，其编程难度非常大，一般运用 CAM 软件进行编程。

CAXA 制造工程师多轴加工界面如图 2-19 所示，其中包括叶轮加工、五轴 G01 钻孔、五轴侧铣和五轴定向加工等功能。

（1）叶轮加工功能　叶轮粗加工是五轴联动加工中比较典型和非常重要的功能。叶轮粗加工界面及加工示例如图 2-20 所示。

1）叶轮装卡方位。

X 轴正向：叶轮轴线平行于____轴，从叶轮底面指向顶面，同____轴的正向同向的安装方式。

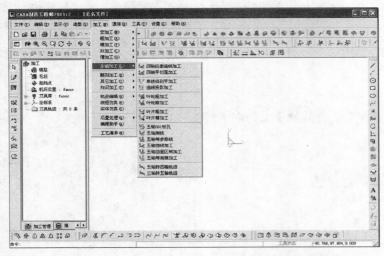

图 2-19　多轴加工界面

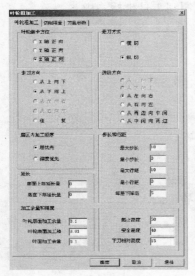 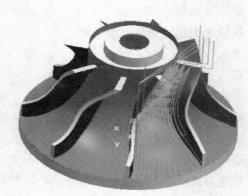

a) 功能界面　　　　　　　　　　　　b) 加工示例

图 2-20　叶轮粗加工界面及加工示例

　　Y 轴正向：叶轮轴线平行于____轴，从叶轮底面指向顶面，同____轴的正向同向的安装方式。

　　Z 轴正向：叶轮轴线平行于____轴，从叶轮底面指向顶面，同____轴的正向同向的安装方式。

　　2）走刀方式。

　　横切：在两叶片之间，刀具沿圆心在叶轮轴圆周上作进给运动。

　　纵切：在两叶片之间，刀具顺着叶轮槽方向作向上或向下的进给运动。

　　3）走刀方向。

　　从上向下：在"走刀方式"为纵切的情况下，刀具由叶轮____切入从叶轮____切出，单向走刀。

从下向上：在"走刀方式"为纵切的情况下，刀具由叶轮＿＿＿切入从叶轮＿＿＿切出，单向走刀。

从左向右：在"走刀方式"为横切的情况下，刀具在圆周上＿＿＿＿＿＿单向走刀。

从右向左：在"走刀方式"为横切的情况下，刀具在圆周上＿＿＿＿＿＿单向走刀。

往复：在以上四种情况下，一行走刀完后不抬刀，而是移动到下一行反向走刀，完成下一行的切削加工。

4）扇区内加工顺序。是指扇区粗加工去除材料的顺序。

层优先：先去除上层所有行的材料，再去除下层的所有材料。

深度优先：先去除一行所有层的材料，再进给到下一行，去除下一行所有层的材料。

5）延长。

底面上部延长量：当刀具从叶轮上底面切入或切出时，为确保刀具不与工件发生碰撞，将刀具的走刀或进给行程向上延长一段距离，以使刀具能够完全离开叶轮上底面。

底面下部延长量：当刀具从叶轮下底面切入或切出时，为确保刀具不与工件发生碰撞，将刀具的走刀或进给行程向下延长一段距离，以使刀具能够完全离开叶轮下底面。

（2）五轴 G01 钻孔功能　五轴 G01 钻孔功能是按曲面的法矢或给定的直线方向，用 G01 直线插补的方式进行空间任意方向的五轴钻孔。其功能界面和加工示例如图 2-21 所示。

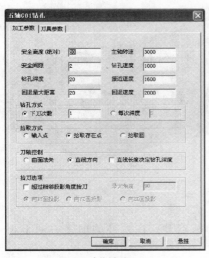

a) 功能界面

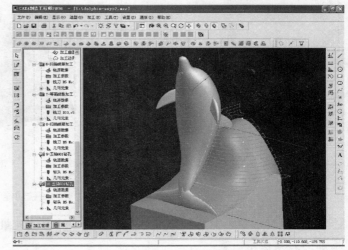

b) 加工示例

图 2-21　五轴 G01 钻孔功能

1）安全高度（绝对）。系统认为刀具在此高度以上的任何位置均不会碰伤工件和夹具，所以应把此高度设置得高一些。

2）安全间隙。钻孔时，钻头快速下刀所到达的位置，即距离工件表面的距离，由这一点开始按钻孔速度进行钻孔。

3）钻孔深度。孔的加工深度。

4）回退最大距离。每次回退到在钻孔方向上高度超出钻孔点的最大距离。

5）钻孔方式。

下刀次数：当孔较深使用啄式钻孔时，分多次下刀完成所要求的孔深。

每次深度：当孔较深使用啄式钻孔时，以每次钻孔深度完成所要求的孔深。

6）钻孔速度。钻孔时刀具的进给速度。

7）拾取方式。

输入点：可以输入数值和任何可以捕捉到的点来确定孔的位置。

拾取存在点：拾取用做点工具生成的点来确定孔的位置。

拾取圆：拾取圆来确定孔的位置。

8）刀轴控制。

曲面法矢：利用钻孔点所在曲面的法线方向确定钻孔方向。

直线方向：利用孔的轴线方向确定钻孔方向。

（3）五轴侧铣功能　此功能可以用两条线来确定所要加工的面，并且可以利用铣刀的侧刃进行加工。其功能界面和加工示例如图 2-22 所示。

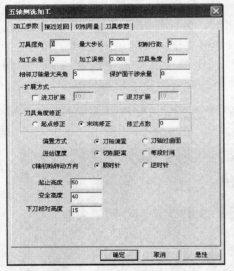

a) 功能界面

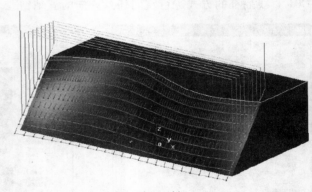

b) 加工示例

图 2-22　五轴侧铣功能

1）刀具摆角。在这一刀位点上应该具有的刀轴矢量的基础上，在轨迹的加工方向上再增加的刀具摆角。

2）最大步长。在满足加工精度的情况下，为了使曲率变化较小的部分不至于生成过少的刀位点，需要用这一参数增加刀位点，使相邻两刀位点之间的距离不大于此值。

3）切削行数。用此值确定加工轨迹的行数。

4）加工余量。相对于模型表面的残留高度。

5）加工误差。输入模型的加工误差，计算模型的轨迹误差小于此值。加工误差越大，模型的形状误差越大，模型表面越粗糙；加工误差越小，模型的形状误差越小，模型表面越光滑。但是，轨迹段的数目增多，轨迹数据量将随之变大。

6）刀具角度。当刀具为锥形铣刀时，在这里输入锥刀的角度，支持用锥刀进行五轴侧铣加工。

7）相邻刀轴最大夹角。生成五轴侧铣轨迹时，相邻两刀位点之间的刀轴矢量夹角不大于此值，否则将在两刀位点之间插入新的刀位点，用于避免两相邻刀位点之间的角度变化过大。

8）保护面干涉余量。对于保护面所留的余量。

9）扩展方式。

进刀扩展：给定在进刀的位置向外扩展的距离，以实现零件外进刀。

退刀扩展：给定在退刀的位置向外延伸的距离，以实现完全走出零件外再抬刀。

10）刀具角度修正。此选项在该版本中已经不起作用。

11）偏置方式。

刀轴偏置：加工时刀轴向曲面外偏置。

刀轴过曲面：加工时刀轴不向曲面外偏置，刀轴通过曲面。

12）进给速度。此选项在该版本中已经不起作用。

13）C 轴初始转动方向。此选项在该版本中已经不起作用。

14）起止高度。刀具初始位置。

15）安全高度。系统认为刀具在此高度以上的任何位置均不会碰伤工件和夹具，所以应该把此高度设置得高一些。

16）下刀相对高度。在切入或切削开始前的一段刀位轨迹的位置长度，这段轨迹以慢速下刀速度垂直向下进给。

（4）五轴定向加工功能　首先在所要加工的方向上建立加工坐标系，用坐标系确定要进行加工的刀轴方向，在这个坐标中可以使用三轴加工中的所有加工功能。五轴定向加工是多轴加工中最常用的一种加工方式，在正常情况下，当五轴定向能满足加工要求时都要优先予以考虑，这样可以避免旋转轴与摆动轴的大幅度运动，从而可提高加工精度。五轴定向加工界面如图 2-23 所示，其操作说明如下：

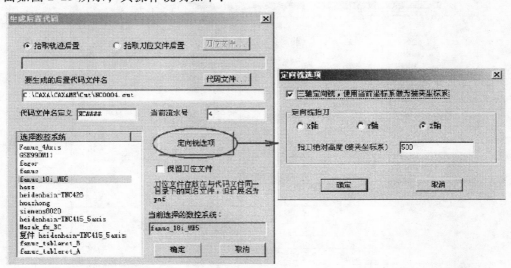

图 2-23　五轴定向功能

1）可使用三轴加工中的所有加工功能生成加工轨迹。

2）生成加工代码时，可通过"生成后置代码"对话框中的"定向铣选项"进行设置。

3）"定向铣选项"对话框中"抬刀绝对高度（装夹坐标系）"中的数值必须比工件的最高点还要高，以便在一个方向加工完成后切换到另一个加工方向可能跨越工件时，刀具不会与工件发生碰撞。根据你所设计的夹具，这一高度应该是_____。

（5）后处理操作说明　不管是五轴联动加工还是五轴定向加工，生成加工代码时，都要根据机床的结构和系统型号进行选择。CAXA 制造工程师的后处理是一个相对开放的过程，如图 2-24 所示。有时需要对后置文件进行一些相关的修改，修改后生成的程序指令是否正确是一个非常关键的问题，所以在对后置文件进行修改时应非常慎重，正常情况下很少进行修改，特别是五轴加工程序的后处理。

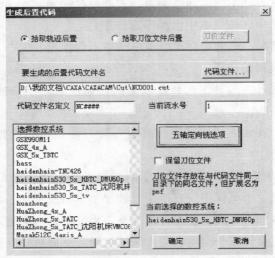

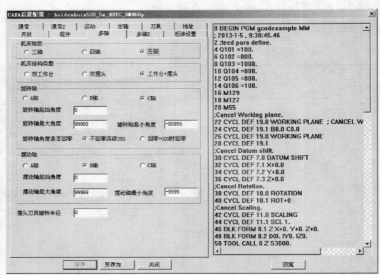

图 2-24　五轴加工后处理窗口

后处理程序是产品从 CAD 造型转化为机床加工的第一步，是实现人的智慧与机床的转化的基础，所以在处理程序时，要先检查其是否符合机床的接收指令。

下面是本工作任务的一个五轴机床后处理程序，它与之前学过的程序指令有什么不同？

```
0 BEGIN PGM 111 MM
2013-1-5 , 9：26：44.953
2 ; FEED PARA DEFINE.
4 Q101  =1000.
6 Q102  =1200.
8 Q103  =2000.
10 Q104  =1200.
12 Q105  =1200.
14 Q106  =2000.
16 M129
18 M127
20 M55
; CANCEL WORKING PLANE.
22 CYCL DEF 19.0 WORKING PLANE    ; CANCEL WORKING PLANE
24 CYCL DEF 19.1 B0.0 C0.0
26 CYCL DEF 19.0 WORKING PLANE
28 CYCL DEF 19.1
; CANCEL DATUM SHIFT.
30 CYCL DEF 7.0 DATUM SHIFT
32 CYCL DEF 7.1 X +0.0
34 CYCL DEF 7.2 Y +0.0
36 CYCL DEF 7.3 Z +0.0
; CANCEL ROTATION.
38 CYCL DEF 10.0 ROTATION
40 CYCL DEF 10.1 ROT +0
; CANCEL SCALING.
42 CYCL DEF 11.0 SCALING
44 CYCL DEF 11.1 SCL 1.
46 BLK FORM 0.1 Z X +0. Y +0. Z +0.
48 BLK FORM 0.2 IX10. IY10. IZ10.
50 TOOL CALL 1 Z S3000.
52 L X +30.9 Y -11.345 Z +50. B +180. C -90. FMAX
...
1844 L X +24.196 Y -33.345 Z +50. FMAX
1846 L X +24.196 Y -33.345 Z +50. FMAX
```

1848 M127

1850 M129

1852 CYCL DEF 19. 0 WORKING PLANE   ; CANCEL WORKING PLANE

1854 CYCL DEF 19. 1 B0. 0 C0. 0

1856 CYCL DEF 19. 0 WORKING PLANE

1858 CYCL DEF 19. 1

1860 CYCL DEF 32. 0 TOLERANCE

1862 CYCL DEF 32. 1

1864 L Z – 1 R0 FMAX M91

1866 L B0. 0 C0. 0 FMAX M94 C

1868 L Y – 1 FMAX M91

1870 M9

1872 M30

1874 END PGM 111 MM

在这个程序中，选择第四、五轴是_____、_____，刀具调用指令是_____，M129 是_____，M127 是_____，Q101 = 1000 表示_____。

4. 五轴仿真加工

一般情况下，是利用软件自带的仿真功能进行仿真。但是，随着制造技术的不断发展，软件自带的仿真功能已经不能满足现代集成化制造技术对零件、刀具、夹具和机床三维参数化的仿真需求，需要通过第三方软件对数控程序进行仿真加工验证。仿真加工实例如图 2-25 所示。

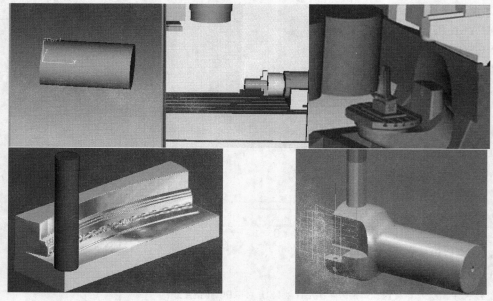

图 2-25　仿真加工

（1）数控仿真软件的作用　验证数控程序的正确性，减少零件首切调试风险，增加程序的_____；模拟数控机床的实际运动，检查潜在的碰撞错误，减低机床_____的风险；

优化程序，减少机床的加工时间，提高加工效率，延长_____寿命。

（2）数控仿真软件的建立　现以 VERICUT 数控仿真软件为例，介绍数控仿真软件的建立过程。

想一想

根据实际选择的机床设备，结合加工实际，将实现 X、Y、Z 轴和旋转轴的行程填入表 2-8。工作台为数控回转工作台；各轴的驱动电动机全部采用全数字交流伺服电动机，各轴的伺服控制全部采用全闭环控制，并配置过载保护及报警功能。

表　2-8

坐标轴	X-MAX	Y-MAX	Z-MAX	C	B
行程					

如图 2-26 所示，在 VERICUT 中建立机床模型时，应注意各轴的相互位置关系，区分哪个轴属于线性轴，哪个轴属于旋转轴。对于旋转轴，应分清模型的父子级关系，因为这将直接影响模拟仿真的真实性。

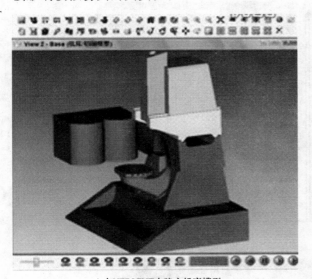

a) 在 VERICUT 中建立机床模型

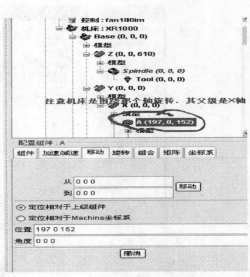

b) 区分各轴的关系

图 2-26　VERICUT 数控仿真软件

分清各个轴之间的关系后，就可以根据需要建立加工时使用的机床，此机床与实际使用的机床非常相似。最后，把机床的外壳在 MasterCAM、NX 等绘图造型软件中构建好，并保存为 VERICUT 能识别的后缀文件（.STL），即可通过调用建立仿真的机床外壳。

1）建立机床控制系统。VERICUT 自带很多机床控制系统，如 FANUC、SIEMENS、FIDIA 和 NUM 等。要学会调用与前面构建的机床相适合的控制系统，通过配置_____控制_____打开，选择_____系统文件作为机床的控制系统，如图 2-27 所示。

2）建立仿真刀具。VERICUT 提供了 7 种刀具的类型，建立刀具库时要分别建立刀具和刀柄模型，然后用装配的方式将各种规格的刀柄和刀具装配在一起形成刀具库。为了避免加

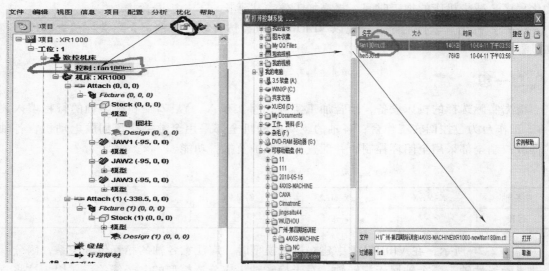

图 2-27　建立机床控制系统

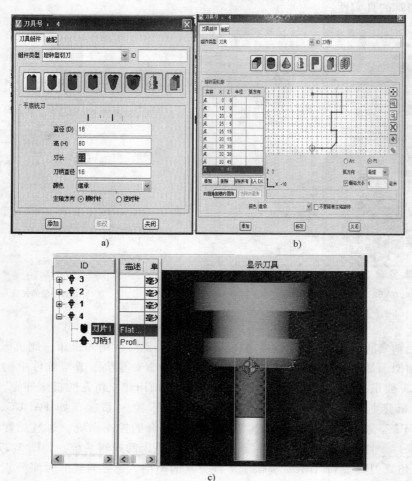

图 2-28　定义刀具

工中的大余量切削等问题，刀具参数应设置在合理的切削用量范围内，这样还能检查加工过程中刀杆与零件的干涉问题，提高仿真效果。通过这种方式逐步建立完整的刀具库系统，使仿真系统中的刀具参数规范化、统一化，这样就可以从刀库中直接选取所需刀具进行仿真，以减少出错环节。刀具的定义如图2-28a、b所示。刀具应按实际加工位置装配到仿真机床的主轴上，保证仿真与实际加工相符。注意：装配原点应设定在刀柄底面，如图2-28c所示，这样在刀具定义中便可不考虑刀柄的夹持长度。

按加工要求，你要建立_____刀具，分别是_____
_____和_____球刀。

3）定义并装夹仿真毛坯。在项目树中"配置组件"窗口的"添加模型"下拉列表框中
选择_____，在"长度"文本框中输入_____，
在"宽度"文本框中输入_____，在"高度"文本
框中输入_____；然后与构建的夹具模型配对装夹。注
意：定义的加工坐标一定要与编程坐标一致。图2-29所
示为定义毛坯图。

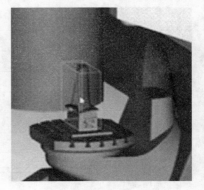

4）导入程序进行仿真加工。完成以上各个环节后，
即可将编好的数控加工程序添加到仿真系统中。进行仿真
操作前，应核对程序名、刀具规格、毛坯大小、坐标系与
工艺规程是否正确。仿真加工时，注意检查刀具、机床、
夹具及零件是否有干涉碰撞；不但要检查过切问题，还必
须检查加工残余；对可能超程的零件，必须确定零件在机

图2-29 定义毛坯图

床上的摆放位置。最后，得到一个模拟真实环境的仿真加工结果（图2-30），通过这一结果，对程序进行调整，以使其满足加工要求。

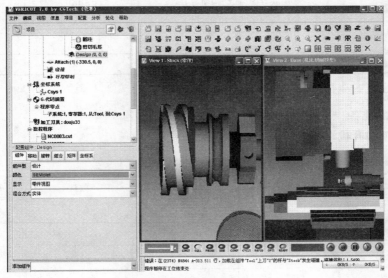

图2-30 仿真加工结果示例

5. 传输与设置

将编辑好的数控加工程序输入系统中有两种方式：一种是直接通过控制面板上的编辑功

能 将程序输入系统中，再用自动功能 执行加工；另一种是通过计算机与机床数控系统连接（DMG 提供用户储存功能，可以直接使用 USB 接口），实现在线加工。在 TNC 系统上编写零件程序时，必须先输入文件名，TNC 将用该文件名将程序保存在硬盘上。TNC 还可以将文本和表格保存为文件。TNC 具有专门的文件管理器，可以方便地查找和管理文件，如调用、复制、重命名和删除文件。TNC 管理文件的数量几乎是无限的，至少为 25GB。

查阅相关资料，填写文件后缀表（见表 2-9）。

表 2-9 文件后缀表

TNC 中的文件		类 型	备 注
程序管理	HEIDENHAIN 格式	. H	
	ISO 格式	. I	
Smart. NC 文件	主程序单元	. HU	
	轮廓描述	. HC	
	加工位置点表	. HP	
辅助文件	刀具表		
	刀盘表		
	托盘表		
	原点表		
	点表		
	预设表		
	切削数据表		
	切削材料表、工件材料表		
	关联数据（如结构项等）	. DEP	
文本文件		. A	
		. CHM	
图样数据		. DXF	

三、活动过程

1. 加工前的准备

完成领料单和开机顺序表，见表 2-10 和表 2-11。

表 2-10 领料单

序 号	材料、工具、量具、刃具名称	规格	数量	签名
1				
2				
3				
4				
5				
6				

表 2-11 开机顺序

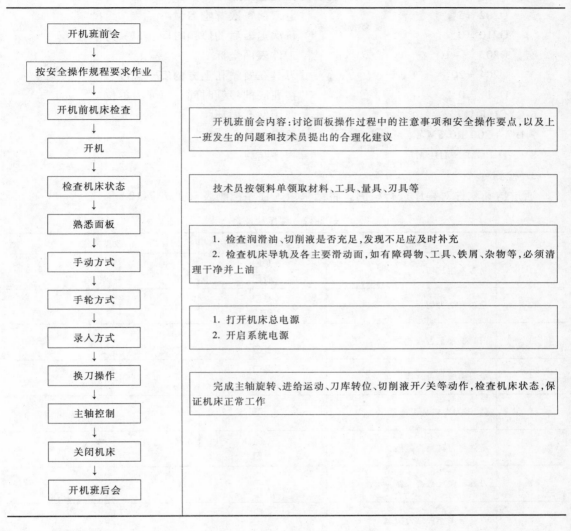

2. 输入程序

根据下面的提示，将加工程序输入五轴加工中心的操作系统。

```
0 BEGIN PGM SMDI MM
1 TOOL DEF 1 L + 0 R + 5          定义刀具：标准刀，半径为 5mm
2 TOOL CALL 1 Z S2000            调用刀具：刀具轴 Z
                                 主轴转速为 2000r/min
3L Z + 200 R0 FMAX               退刀（F MAX = 快速运动）
4L X + 50 Y + 50 R0 FMAX M3      刀具以快速运动速度移至要钻孔的上方
                                 主轴转动
5 CYCL DEF 200 DRILLING          定义钻孔循环
   Q200 = 5                      刀具在要钻孔上方的安全高度
   Q201 = − 15                   孔的总深度（代数符号 = 加工方向）
```

	Q206 = 250	钻孔进给速率
	Q202 = 5	退刀前每次背吃刀量
	Q210 = 0	每次退刀后的停顿时间，以 s 为单位
	Q203 = −10	工件表面坐标
	Q204 = 20	刀具在要钻孔上方的安全高度
	Q211 = 0.2	在孔底的停顿时间，以 s 为单位

```
6 CYCL CALL            调用钻孔循环
7 L Z + 200 R0 FMAX M2  退刀
8 END PGM SMDI MM       程序结束
```

3. 检测程序

通过仿真软件对程序进行检测，将结果填入程序检测表（见表 2-12）。

表 2-12   程序检测表

序 号	检测项目	检测结果	改进措施
1	是否发生过切	是□ 否□	
2	是否发生少切	是□ 否□	
3	刀具选择是否合理	是□ 否□	
4	走刀路线是否合理	是□ 否□	
5	进、退刀方式是否合理	是□ 否□	
6	零件与刀具是否碰撞	是□ 否□	
7	刀具与夹具是否干涉	是□ 否□	
8	刀具与工作台是否碰撞	是□ 否□	
组长确认			

4. 装夹毛坯

根据加工工艺要求，将毛坯装夹到机床上，进行检查并记录：

毛坯装夹：□合理   □不合理   改进措施：_____   组长：_____

5. 安装刀具

当加工所需要的刀具比较多时，加工前应将全部刀具根据工艺设计放置到刀库中，并给每一把刀具设定刀具号码，然后由程序调用。具体步骤如下（请根据操作把图标画到横线上）：

1）进入 MDI 模式。_____

2）按刀具表软键进入刀具表。_____

3）把光标移到要装入刀具的一行。_____

4）按刀库管理软键。_____

5）按刀具拆除键。_____

6）等待屏幕显示 1、20（1 号刀库，20 号刀位），刀库已经准备好。

7）因为只是装刀，并不是真正的拆除，所以按中断键结束。_____

8）打开后面的刀库门，放入刀具，注意缺口方向应朝向里面，完成刀库装刀。_____

根据要求，检查刀具的安装是否合理并记录：

刀具安装：□合理　□不合理　改进措施：_____　组长：_____

6. 设置零件坐标和对刀

数控程序一般按零件坐标系编程，对刀过程就是建立零件坐标系与机床坐标系之间对应关系的过程。常用的对刀方式一般有两种方式，一种是_____，另一种是_____。

常用的坐标检验一般可通过_____或机床控制面板的_____功能来实现。

由加工工艺可知，由于是多把刀同时相对于基准刀来设置长度补偿，因此本工作任务使用_____完成对刀。

检查刀具情况并填写对刀检测表（见表 2-13）。

表 2-13　对刀检测表

序　号	检测项目	检测结果	改进措施
1	坐标设置	正确□ 有误□	
2	基准刀对刀	正确□ 有误□	
3	非基准刀对刀	正确□ 有误□	
4	调刀动作	正确□ 有误□	
5	刀补检验	正确□ 有误□	
6	对刀熟练程度	熟练□ 生疏□	
组长			

7. DNC 方式加工

加工中心在完成机床起动、毛坯装夹、程序编辑、刀具安装检测、对刀等一系列操作后，便可进入自动加工状态，完成工件最终的切削加工。

五轴加工中心一般使用 RTCP（旋转刀具中心）功能编程，在 RTCP 功能启动后，数控系统会保持刀具中心始终有一个直线位移补偿量，所以不需要考虑旋转轴的中心。这样会使编程和运行更轻松。

👆 小词典

RTCP：Rotation Tool Centre Point，即旋转刀具中心。五轴加工中心常利用 RTCP 功能对机床的运动精度进行控制和对数控编程进行简化。

非 RTCP 模式编程：为了编制曲面的五轴数控加工程序，必须知道刀具端面中心与旋转（摆动）主轴头中心之间的距离，称这一距离为转轴中心（pivot）。根据转轴中心和坐标转动值计算出（X，Y，Z）的直线补偿值，以保证刀具中心处于所期望的位置。运行一个这样得出的程序，要求机床的转轴中心长度必须等于编写程序时所考虑的数值，有任何修改都要求重新编写程序。

RTCP 模式编程：在此模式下，控制系统会保持刀具中心始终在被编程的（X，Y，Z）位置上。为了保持这一位置，转动坐标的每一个运动都会被（X，Y，Z）坐标的一个直线位移所补偿。因此，对于传统的数控系统而言，一个或多个转动坐标的运动会引起刀具中心的位移；而对于五轴加工中心数控系统（当 RTCP 选项起作用时）而言，是坐标旋转中心发生位移，刀具中心则始终处于同一位置。在这种情况下，可以直接对刀具中心轨迹进行编程，而不需要考虑转轴中心，转轴中心是独立于编程的，是在执行程序前由显示终端输入的，与程序无关。这些转动坐标的运动，可以通过 JOG 方式或手轮来完成，所以在某些加工条件下，允许所使用刀具的长度值小于用于三轴加工的刀具。

四、活动评价

完成项目评价表（见表 2-14）。

表 2-14　项目评价表

序　号	标准/指标		自我评价	教师评价
1	专业能力	工件装夹		
2		刀具装夹		
3		程序输入		
4	方法能力	对刀方法		
5		测量方法		任务是否完成
6		独立获取信息		
7	社会能力	对技术构成的理解力		
8		交流能力		
9		小组协作能力		

评价：

组长签名：

小提示

只有通过以上评价，才能继续往下学习哦！

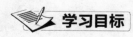

活动四　设备的维护与保养

学习目标

1. 能正确进行五轴加工中心的月度保养。
2. 能正确进行量具的保养。

学习地点

先进精密制造学习工作站。

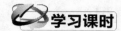

学习课时

2 课时。

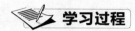

学习过程

掌握以下资讯与决策，才能顺利完成任务

一、学习准备

1. 五轴加工中心、清洁工具、全损耗系统用油、多媒体。

2. 五轴加工中心月度维护保养规范、6S 管理规定、量具保养规范。

二、活动过程

1. 五轴加工中心月度保养

（1）观看五轴加工中心月度保养视频，记录月度保养的内容和方法。

1）＿＿＿＿＿＿＿＿＿＿＿＿＿＿＿＿＿＿＿＿＿＿＿＿＿＿＿＿＿＿＿＿＿。

2）＿＿＿＿＿＿＿＿＿＿＿＿＿＿＿＿＿＿＿＿＿＿＿＿＿＿＿＿＿＿＿＿＿。

3）＿＿＿＿＿＿＿＿＿＿＿＿＿＿＿＿＿＿＿＿＿＿＿＿＿＿＿＿＿＿＿＿＿。

4）＿＿＿＿＿＿＿＿＿＿＿＿＿＿＿＿＿＿＿＿＿＿＿＿＿＿＿＿＿＿＿＿＿。

5）＿＿＿＿＿＿＿＿＿＿＿＿＿＿＿＿＿＿＿＿＿＿＿＿＿＿＿＿＿＿＿＿＿。

6）＿＿＿＿＿＿＿＿＿＿＿＿＿＿＿＿＿＿＿＿＿＿＿＿＿＿＿＿＿＿＿＿＿。

（2）分组保养五轴加工中心，并填写设备保养卡（见表 2-15）。

表 2-15　设备保养卡

保养项目	完成情况	备　　注
清扫机床床身		
清扫机床导轨		
清扫机床附加轴		
清扫机床排屑槽		

（3）按照 6S 管理规定的要求整理场地并记录结果（见表 2-16）。

表 2-16　场地整理记录

管理项目	完成情况	备　　注
工具		
量具		
工件		
操作台		
场地打扫		

2. 量具的保养

1）量具使用完后应清洁干净。

2）将清洁后的量具涂上防锈油，存放于柜内。

3）量具的拆卸、调整、修改及装配等，应由专门人员实施，不可擅自施行。

4）应定期检查量具的性能是否正常，并作保养记录。

5）应定期校验尺寸是否合格，判断是继续使用还是淘汰，并作校验记录。

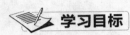 活动五　检测及误差分析

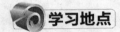 学习目标

1. 能进行几何公差的检测。

2. 能正确使用三坐标测量仪。

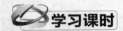 学习地点

先进精密制造学习工作站。

学习课时

2 课时。

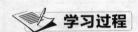 学习过程

掌握以下资讯与决策，才能顺利完成任务

一、学习准备

1. 派工单、图样、工艺卡、量具。

2. 表面粗糙度测量仪、表面粗糙度对照样板。

3.《金属切削手册》、《机械工人切削手册》。

二、知识要点

本工作任务中，由于轮胎模的花纹是不规则曲面，且对其圆弧度有特殊要求，因此考虑使用三坐标测量仪（图 2-31）进行测量。三坐标测量仪具有强大 PC-DMIS 测量软件，可为几何量的测量提供完美的解决方案。从简单的箱体类工件到复杂的轮廓和曲面，PC-DMIS软件可使测量过程始终以高速、高效率和高精度进行。这一测量软件通过其简洁的用户界面指导使用者进行零件编程、参数设置和工件检测。同时，利用一体化的图形功能，能够将检测数据生成可视化的图形报告。三坐标测量仪的测量步骤如图 2-32 所示。

1. 分析

分析是指对照工件分析图样，明确以下要求：

1）明确工件的设计基准、工艺基准和检测基准，确定建立零件坐标系时应测量哪些元

图 2-31 三坐标测量仪

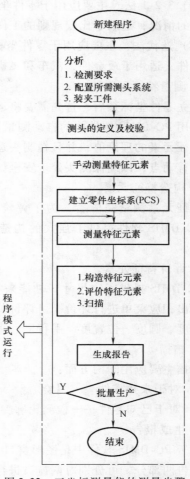

图 2-32 三坐标测量仪的测量步骤

素来建立基准，并确定采用何种建立坐标系的方法。

2）确定需要检测的项目，应该测量哪些元素，以及这些元素的大致测量顺序。

3）根据要测量的特征元素，确定工件的合理摆放位置，采用合适的夹具，并保证尽可能在一次装夹中完成所有元素的测量，避免二次装夹。

4）根据工件的摆放位置及检测元素，选择合适的测头组件，并确定需要的测头角度。

2. 测头的定义及校验

在对工件进行检测之前，需要对所使用的测杆进行定义及校验。在 PC-DMIS 的测头功能中，按照实际采用的测杆配置进行定义，并添加需要用到的测头角度。然后用标准球对其进行校验，得到正确的球径和测头角度。校验结果的准确度将直接影响工件的检测结果。

3. 手动测量特征元素

点、直线、平面、圆、圆柱、圆锥、球、圆槽等称为特征元素。

4. 建立零件坐标系（PCS）

PC-DMIS 软件针对零件坐标系的建立主要提供了两种方法。

（1）3-2-1 法　主要应用于零件坐标系位于工件本身，且在机器的行程范围内能找到坐标原点的情况，适用于比较规则的工件。

（2）迭代法　主要应用于零件坐标系不在工件本身或无法直接通过基准元素建立坐标系的工件，适用于钣金件、汽车和飞机配件等。

5. 测量特征元素

建立零件坐标系后，首先需要将运行模式切换为 DCC（Direct Computer Control）模式，然后使用 PC-DMIS 软件中的自动测量功能进行测量。运用自动测量功能进行测量时，需有被检特征元素的理论值；并且在测头运动过程中，需要注意测头的运动轨迹，即在适当的位置插入移动点，以确保测头处于安全位置。

6. 构造特征元素

特征元素测量完毕后，为了评价的需要，需要产生一些特征元素，这种功能称为构造。PC-DMIS 软件提供了强大的构造功能，如点、直线、面、圆、曲线、特征组、高斯过滤等。

7. 评价特征元素

PC-DMIS 提供了"尺寸"功能来实现几何公差的评价，可直接单击相应的几何公差按钮，弹出相应菜单进行评价。可评价位置尺寸、距离、夹角、直线度、平面度、圆度、圆柱度、锥度、圆度、位置度、平行度、垂直度、倾斜度、对称度、轮廓度等。

8. 扫描

扫描主要应用于两方面：

1）对于未知零件——测绘。

2）对于已知零件——检测轮廓度。

9. 生成报告

由于 PC-DMIS 软件中是图形窗口、编辑窗口共存，所以最终产生的报告分为数据报告、图形报告两部分，可分别对两窗口进行编辑和打印，可直接通过打印机输出或存为电子文档（＊.RTF 等格式）。

10. 程序的自动运行

若某工件进行批量生产，可对程序进行标记（F3），单击执行键（Ctrl + Q），程序即可自动执行。

三、活动过程

将电动自行车轮胎模零件的检测项目填入表 2-17。

表 2-17　电动自行车轮胎模检测表

类　型	项　目		检测工具、量具	检测结果	是否合格
	公称尺寸	公　差			
线性尺寸					

（续）

类　型	项　　目		检测工具、量具	检测结果	是否合格
	公称尺寸	公　差			
几何公差	项目名称	公差	—	—	—
表面粗糙度	部位	测量值	—	—	—

判断被检工件是否合格，并将零件质量问题及可能原因填入表 2-18。

表 2-18　零件质量问题及可能原因

序　号	质量问题	可能原因
1	尺寸精度达不到要求	□ 对刀有误差 □ 量具握法不正确 □ 读数有误 □ 其他
2	表面粗糙度达不到要求	□ 刀具已经磨损 □ 加工参数选择不正确 □ 其他
3	崩刀	□ 刀具刚性不足 □ 背吃刀量太大 □ 进给量过大 □ 其他
4	零件表面出现振纹	□ 刀具安装不正确 □ 零件伸出过长,刚性差 □ 其他
5	刀具干涉	□ 编程不合理 □ 装夹刀具时没对中心,刀具过高或过低 □ 其他
6	撞刀	□ 对刀时坐标值输入错误 □ 对刀过程中步骤错误 □ 程序编写错误 □ 其他
7	刀粒不能正确安装	□ 安装槽尺寸超差 □ 螺纹孔位置尺寸不正确 □ 螺纹孔参数出错 □ 其他

四、活动评价

完成项目评价表（见表2-19）。

表 2-19　项目评价表

序　号	标准/指标		自我评价	教师评价
1	专业能力	表面精度		
2		尺寸精度		
3	方法能力	对刀方法		
4		测量方法		任务是否完成
5		独立获取信息		
6	社会能力	对技术构成的理解力		
7		交流能力		
8		小组协作能力		

评价：

组长签名：

小提示

只有通过以上评价，才能继续往下学习哦！

活动六　工作总结与评价

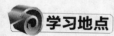**学习目标**

1. 能正确按模板进行工作总结。
2. 能正确填写评价表格。

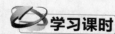**学习地点**

先进精密制造学习工作站。

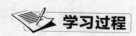**学习课时**

3 课时。

学习过程

掌握以下资讯与决策，才能顺利完成任务

一、学习准备

1. 派工单、图样、工艺卡、工艺方案、程序单、精度检验单、互联网。

2. 零件。

3. 工作总结模板、评价表格。

🔍 想一想

1. 为什么要撰写工作总结？

_____

_____

_____

2. 工作总结如何撰写？

_____

_____

_____

二、活动过程

成功了吗？ 检查了吗？ 评价了吗？ 反馈了吗？

时 间：_____ 地 点：_____ 班级/组：_____

指导教师：_____ 任务名称：_____

1. 调查问卷

（1）总体评价

教学内容   容易理解☐   不易理解☐

理由/说明：_____

教学目标   容易理解☐   不易理解☐

理由/说明：_____

对解决专业问题的指导   容易理解☐   不易理解☐

理由/说明：_____

（2）各工作阶段的独立性（见表2-20）

表2-20 独立性判断表

行动阶段	是	否	教师给予的帮助
确定目标（选定途径）			
获取信息/制订计划			
作出决策/实施计划			
控制/评估			

（3）对小组教学和团队合作的评价

评价	+++	++	+	-
聆听	☐	☐	☐	☐
接受别人的思想	☐	☐	☐	☐
让别人充分表达意见	☐	☐	☐	☐
接受批评	☐	☐	☐	☐

（4）记录和建议

写出工作过程中发生的问题及其解决方法，并写出你对活动的建议。

2. 工作效果

（1）计划能力评价（见表2-21）

表2-21　计划能力评价表

标准/指标	优	良	中	差
界定问题的范围				
明确任务目标				
检查现有状况、系统和故障来源				
对解决问题的办法进行可行性估计				
编制计划的能力				
实施工作计划的能力				
根据需要灵活调整计划的能力				

（2）独立获取信息能力评价

评价	+++	++	+	-
随时准备获取信息	☐	☐	☐	☐
利用专业书籍（工具书）	☐	☐	☐	☐
运用数据表格	☐	☐	☐	☐
利用非印刷媒体	☐	☐	☐	☐
利用图书馆	☐	☐	☐	☐

（3）协作能力评价（见表2-22）

表2-22　协作能力评价表

标准/指标	优	良	中	差
考虑到问题的难度				
接受他人的意见和建议				
可信、可靠				
具有责任心				
与他人配合完成任务				

（4）课业评价（见表2-23）

表2-23　课业评价表

项　目	自我评价			小组评价			教师评价		
	10~8	7~6	5~1	10~8	7~6	5~1	10~8	7~6	5~1
参与度									
工作态度									
规程和制度执行情况									
叙述和解读任务情况									

（续）

项　目	自我评价			小组评价			教师评价		
	10～8	7～6	5～1	10～8	7～6	5～1	10～8	7～6	5～1
服从工作安排情况									
完成加工任务情况									
零件自检情况									
清理工作现场情况									
展示汇报情况									
总　　评									

 小提示

恭喜你！你已经完成了第二个工作任务，请继续努力完成下面的工作任务吧！

工作任务三 ▶▶

加工曲轴（车铣复合）

任务情境

　　某公司的市场部门对曲轴进行调研，通过对其当前的市场现状、市场需求、发展前景和商业价值等进行分析，发现曲轴有市场前景。于是要求生产部门对曲轴进行研发试生产，以进行市场推广。生产部门要求工程部提供图样（图3-1），并安排小陈试制10件，要求其在3天之内完成任务。

　　小陈接到加工任务后，通过分析制订了加工方案，经业务部门主管审核后，选择刀具和设备对曲轴进行加工。加工完成后，依照图样和技术要求检测零件，按规范放置零件，送检签字，并填写相关表格。

　　整个工作过程要求遵循6S管理规范。

学习目标

　　1. 能加强安全生产意识，严格按照安全生产规程进行生产。

　　2. 能描述车铣复合加工中心的结构和功能，并能按车铣复合的安全操作规程进行操作。

　　3. 能根据工艺文件识别相应工具、量具、夹具和刃具，并检查机床状况。

　　4. 能读懂数控系统的报警信息，排除车铣复合加工中心的一般故障。

　　5. 能按要求保养机床，检查车铣复合加工中心的常规精度。

　　6. 会制作工作总结PPT，并使用评价表进行评价。

活动一　接受加工任务

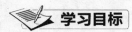
学习目标

　　1. 能表述曲轴的作用、结构及分类。

　　2. 能表述曲轴的加工方法。

　　3. 能表述曲轴的热处理工艺。

学习地点

先进精密制造学习工作站。

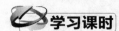

学习课时

2 课时。

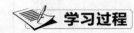

学习过程

掌握以下资讯与决策，
才能顺利完成任务

一、学习准备

1. 派工单、图样、工艺卡、多媒体、互联网。

2. 车铣复合加工中心。

3. 安全操作规程、《金属切削手册》、《车铣复合机床使用手册》、《机械工人切削手册》。

二、派发任务

完成小组成员组成表和派工单，见表 3-1 和表 3-2。

表 3-1　小组成员组成表

小组成员名单	成员特点	成员分工	备　　注

表 3-2　派工单

产品名称		曲轴		任务号		003	派工员	
使用机床号		要求完成日期				实际完成日期		
图号/名称	数量		合格品	不良品	未完成		检验员	检验日期
图 3-1/曲轴								

备注	
确认栏	派货人(班长)：　　　领货人(组长)：　　　车间主任(指导教师)：

查找相关资料，并将不懂的术语记录下来。

_____

_____

_____

_____

_____

_____

信息采集源：《金属切削手册》、《机械工人切削手册》、《车铣复合机床使用手册》。

三、派发生产图样（分析图样）

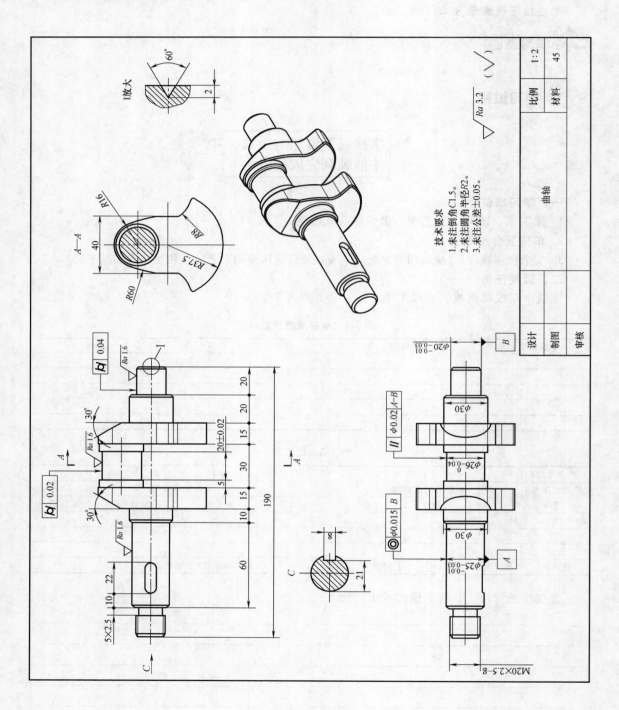

图 3-1　曲轴

四、知识要点

1. 曲轴分类

按曲拐的数量来分，曲轴可分为_____和_____，如图 3-2 所示；按其曲拐是否带平衡块来分，曲轴可分为带平衡块的曲轴和_____的曲轴。

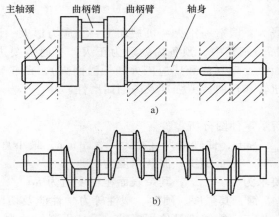

主轴颈　曲柄销　曲柄臂　轴身

a)

b)

图 3-2　曲轴分类

2. 曲轴的作用和结构

（1）曲轴的作用　曲轴与连杆配合，将作用在活塞上的气体压力转变为旋转的动力，传给底盘的传动机构，同时驱动配气机构和其他辅助装置，如风扇、水泵、发电机等。工作时，曲轴承受气体压力、惯性力及惯性力矩的作用，其受力大且复杂，并且承受交变载荷的冲击作用。同时，曲轴又是高速旋转件，因此，要求曲轴具有足够的刚度和强度、良好的承受冲击载荷的能力，耐磨损且润滑良好。

（2）曲轴的结构　如图 3-3 所示，曲轴主要由前端轴、主轴颈、连杆轴颈、曲柄、平衡块和功率输出端组成。

1）前端轴。前轴端上面装有扭振减振器和密封装置等。

2）主轴颈。主轴颈是曲柄的支承点，安装在机体主轴承内，用螺栓紧固轴承端盖，曲轴靠此点运转。

3）连杆轴颈。连杆轴颈用来安装连杆大头。

4）曲柄。曲柄用来连接主轴颈和连杆轴颈。

5）平衡块。平衡块的主要作用是控制曲轴转动时的动平衡。

6）功率输出端（后端）。功率输出端上设有从动装置连接结构，用来输出功率。

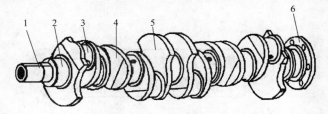

图 3-3　曲轴的基本组成

1—前端轴　2—主轴颈　3—连杆轴颈　4—曲柄　5—平衡块　6—功率输出端

3. 曲轴的加工方法

使用车铣复合加工中心加工曲轴时，工件一次定位即可完成主轴颈和连杆轴颈的加工，减少了定位装夹次数，一方面提高了工件的加工精度，减轻了工人的劳动量，减少了辅助时间，大大提高了生产率；另一方面，通过在设计时对刀架进行力平衡，使得刀具的切削速度大大提高，从而进一步提高了生产率。

4. 曲轴的热处理工艺

曲轴的大致加工路线为：锻造→正火→机械加工→去应力退火→调质处理→表面热处理（高频感应淬火＋低温回火）。其中，预备热处理为正火，有时需要进行去应力退火；最终热处理为调质处理和表面热处理（高频感应淬火和低温回火）。凸轮轴经表面热处理后，可较大程度地提高零件的扭转和弯曲疲劳强度及表面耐磨性。

五、活动过程

各小组根据图 3-1 所示零件图分析零件。

1. 零件总长度为_____mm，曲轴最大直径为_____mm，最小直径为_____mm；左端分布了_____个矩形槽，有____个螺纹，曲柄角度为____°。

2. M20 螺纹的公差要求为_____，其余表面粗糙度值为 Ra _____μm。

3. 零件毛坯材料为 45 钢，其强度、硬度、塑性等力学性能及切削性能、热处理性能等加工工艺性能良好，便于加工，能够满足使用要求。毛坯下料尺寸为 ϕ_____mm×200mm。

六、活动评价

各组选出优秀成员在全班讲解零件图的分析过程和结果，通过小组互评和教师点评并评出小组名次。

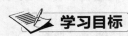

活动二　制订加工方案

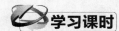 **学习目标**

1. 能掌握刀具的种类、特点及选用方法。
2. 能编制曲轴的加工工艺文件。
3. 能表述 Shop Turn 编程方法。

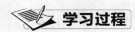 **学习地点**

先进精密制造学习工作站。

学习课时

4 课时。

学习过程

掌握以下资讯与决策，才能顺利完成任务

一、学习准备

1. 工艺卡、图样、互联网、多媒体。

2. 刀具、工艺方案。

3. 安全操作规程、《金属切削手册》、《车铣复合机床使用手册》、《机械工人切削手册》。

想一想

SIEMENS 常见系统有 802S/C 系统、_____、_____ 和 840D 系统。其中，SIE-MENS 802S/C 系统是西门子公司专门针对中国用户开发的一款系统。目前，西门子系统在中国市场得到了广泛的应用，SIEMENS 840D 更是作为高端系统被使用。

二、知识要点

Shop Turn 编程集成_____ 和 _____ 的各自优点，专为现代车削加工而开发，适用于 _____ 车削中心。其按加工步骤规划整个工件的加工，使得从图样到毛坯件，再到最后工件加工成形的过程清晰易懂、合理快捷，使车间的技术工人可以轻松地编制任何复杂的加工程序。

1. Shop Turn 的程序结构

工作程序段分为三个部分：程序开始、程序段和程序结束，如图 3-4 所示。这三个部分组成加工计划。

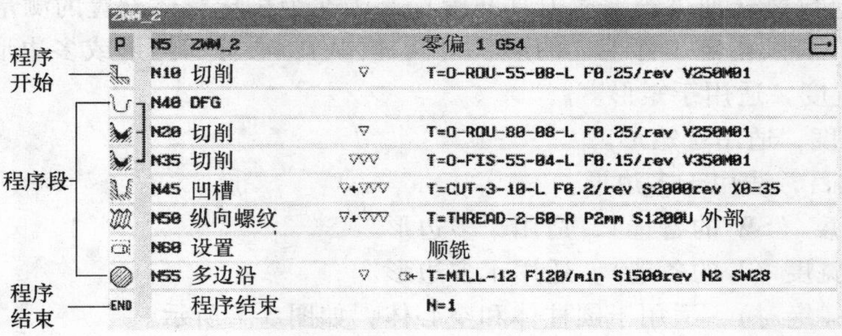

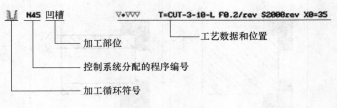

图 3-4　工作程序段

（1）程序开始　程序开始中包含适用于整个程序的参数，如零件毛坯尺寸、回退平面等。

（2）程序段　在程序段中确定各个加工步骤，并在其中给出工艺数据和位置，如图 3-5 所示。

图 3-5　程序段

程序段中，工艺程序段和轮廓或定位程序段分别为"车削轮廓"、"铣削轮廓"、"铣削"和"钻孔"功能编写，称其为序列程序段，如图 3-6 所示。这些程序段由控制系统自动链接在一起，并在加工计划中通过方括号进行连接。在工艺程序段中给出加工执行的方式和采用的形式，如先定心再钻孔；在定位程序段中，指定钻孔和铣削的位置，如将孔布置在端面的一个整圆上。

（3）程序结束　程序结束时通过信号告知机床工件的加工已结束，还可以在此处指定

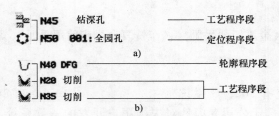

图 3-6   工艺程序段和轮廓或定位程序段

要加工的工件数。

2. 参数设置

加工前，必须为每个要加工的新工件分别创建加工程序，程序中包含要加工工件必须完成的各个加工步骤。创建新程序时，系统会自动定义程序开始和程序结束，程序开始中必须设置以下在整个程序中生效的参数。

（1）刀具零偏　用于储存工件的零点偏移，如果不需要指定零点偏移，也可以删除默认的参数设置。

（2）尺寸单位　程序开始中设置的尺寸单位（mm 或 in）仅适用于当前程序中的位置数据，所有其他数据（如进给率或刀具补偿）必须在为机床整体设置的测量单位中指定。

（3）毛坯　必须指定工件毛坯的形状（圆柱体、空心体、矩形或多边形）和尺寸。

W：毛坯宽度，适用于矩形。

L：毛坯长度，适用于矩形。

N：边沿数目，适用于多边形。

L：边沿长度（SW 的备选），适用于多边形。

SW：平面宽度（L 的备选），适用于多边形。

X_A：外径（绝对），适用于圆柱体和空心体，如图 3-7 所示。

X_I：内径（绝对或增量），适用于空心体。

Z_A：起始尺寸（绝对）。

Z_I：结束尺寸（绝对或增量）。

Z_B：加工尺寸（绝对或增量）。

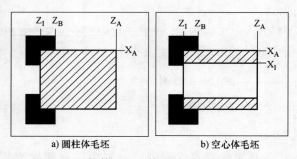

图 3-7   圆柱体和空心体毛坯部分参数的定义

（4）回退　在回退区定义的区域之外，必须可以实现轴的无碰撞移动。为每个进给方向定义回退平面，在定位时仅沿着进给方向通过该平面。回退平面取决于毛坯的形状及回退的类型（包括简单、延长或全部），如图 3-8 所示。

XR_A：X 方向的外回退平面（绝对或增量）。

XR_I：X 方向的内回退平面（绝对或增量）。

ZR_A：Z 方向的外回退平面（绝对或增量）。

ZR_I：Z 方向的内回退平面（增量）。

回退平面 XR_A 和 XR_I 始终设置成圆形环绕毛坯，对矩形和多边形也是如此。

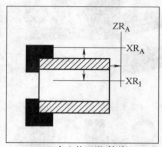

a) 空心体回退(简单)　　　b) 空心体回退(全部)

图 3-8　回退参数

注意：一个循环的回退在安全距离处停止，仅在下一个循环时才运行到回退平面，由此实现专用逼近/回退循环的应用。因此逼近时，回退平面的更改在前一加工时就已生效。Shop Turn 选择运行路径时始终关注刀尖，不考虑刀具的膨胀，所以回退平面必须远离工件。

（5）尾座　如果机床装配了尾座，还可以扩展回退区域，以防止轴运行时与尾座发生碰撞。按绝对尺寸输入尾座回退平面 XR_R。

（6）换刀点　刀库运行使刀库零点逼近换刀点，然后把所需的刀具带到加工位置。换刀点必须远离回退区域，如图 3-9 所示，当刀库旋转时，不会有刀具插进回退区域。

（7）安全距离　安全距离（SC）规定了刀具绕工件快进时允许与工件的最小距离。

三、活动过程

1. 选择刀具

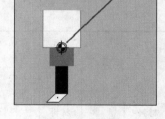

图 3-9　换刀点

如图 3-10 所示，加工曲轴时需要使用的刀具有＿＿＿＿＿＿＿、＿＿＿＿＿＿＿、＿＿＿＿＿＿＿和＿＿＿＿＿＿＿。

2. 编制加工方案

（1）定位基准的选择

1）粗基准的选择：支承轴颈的毛坯外圆柱面及一个侧面。

2）精基准的选择：两顶尖孔、经加工的支承轴颈、正时齿轮轴颈。

（2）加工阶段的划分与工序顺序的安排

1）加工阶段的划分：粗加工阶段、半精加工阶段、精加工阶段、光整与精整加工阶段。

2）工序顺序的安排：车、粗磨、精磨、抛光。

🔍 想一想

加工阶段的划分步骤为＿＿＿＿＿＿＿＿＿＿＿、＿＿＿＿＿＿＿＿＿＿＿、＿＿＿＿＿＿＿＿＿＿＿＿＿＿＿＿。

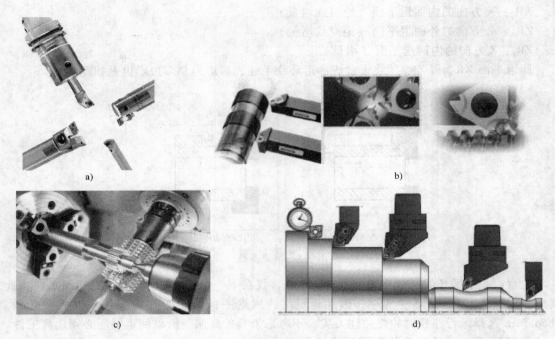

图 3-10　加工曲轴时使用的刀具

3. 编制单件加工工艺卡（见表 3-3）

表 3-3　加工工艺卡

（单位名称）	加工工艺卡	产品名称		图号							
		零件名称		数量						第　页	
材料种类		材料成分		毛坯尺寸						共　页	
工序	工步	工序内容	车间	设备	夹具		切削用量			计划工时	实际工时
					刀具		背吃刀量	进给量	主轴转速		
					类型	尺寸					
更改号				拟定		校正		审核		批准	
更改者											
日　期											

4. 表述加工方案

以小组为单位，分别对加工方案进行表述，并通过讲解和展示评出各小组的名次。

5. 加工

1）按下"MENU SELECT"键，再按下"程序管理"软键，选择要创建新程序的目录，如图 3-11 所示。

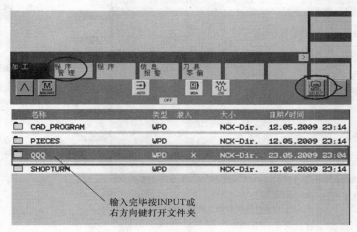

图 3-11 创建新程序的目录

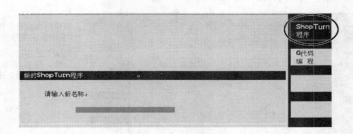

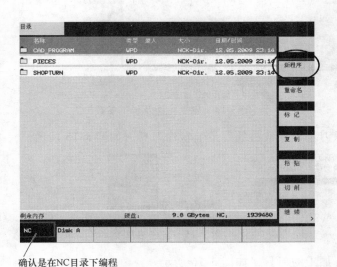

图 3-12 创建新程序

2）依次按下"Shop Turn 程序"和"新程序"软键，输入一个程序名，最多允许有 24 个字符，允许使用所有的字母（除了变音）、数字和下划线（_），Shop Turn 自动把小写字母替换成大写字母。按下"确认"或"输入"键，显示参数屏幕"程序开始"，如图 3-12 所示。

3）选择加工方式，如图 3-13 所示。

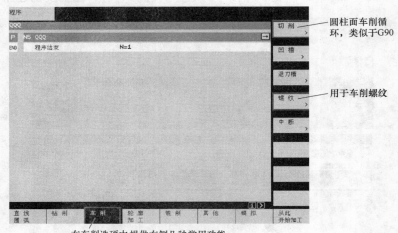

在车削选项中提供右侧几种常用功能

图 3-13　选择加工方式

4）建立轮廓及加工参数，如图 3-14 所示。

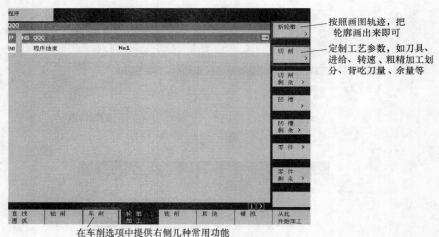

在车削选项中提供右侧几种常用功能

图 3-14　建立轮廓及加工参数

5）新建和删除刀具，在空白的刀位上新建刀具，如图 3-15 所示。

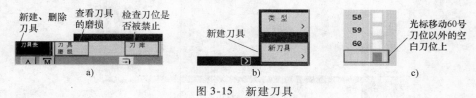

图 3-15　新建刀具

6）选择所需要加工的刀具，如图 3-16 所示。

刀具表各参数介绍如图 3-17 所示。

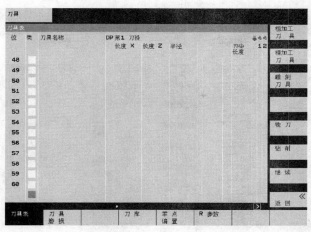

图 3-16 选择刀具

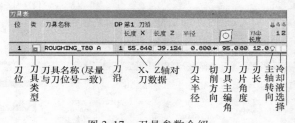

图 3-17 刀具参数介绍

7）将加工曲轴所需的刀具装载到刀位号，如图 3-18 所示。

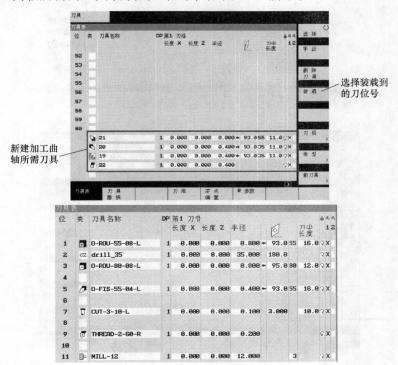

图 3-18 刀具装载

8）钻中心孔，在选择加工方式的界面中选择 [钻削] → [中心钻] ，设置毛坯、加工参数等，如图 3-19 所示。

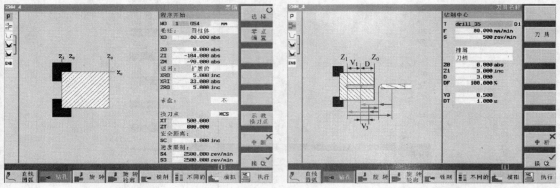

a) 设置毛坯   b) 设置加工参数

图 3-19　设置毛坯和加工参数

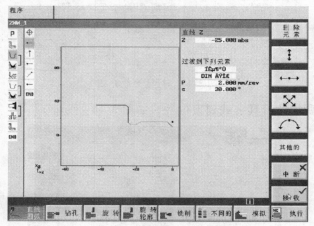

a) 粗加工

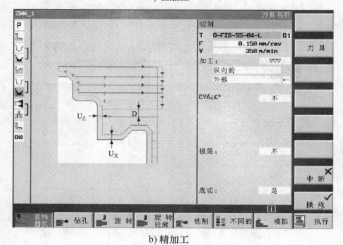

b) 精加工

图 3-20　粗、精加工外形轮廓

9）粗、精加工曲轴的外形轮廓。在选择加工方式的界面中选择 ![车削] → ![轮廓] →
![新轮廓]，粗加工后选择精加工，注意选择同样的外形轮廓，如图 3-20 所示。

10）加工螺纹。在选择加工方式的界面中选择 ![车削] → ![退刀槽] → ![退刀槽 DIN 螺纹]，如图3-21
所示。

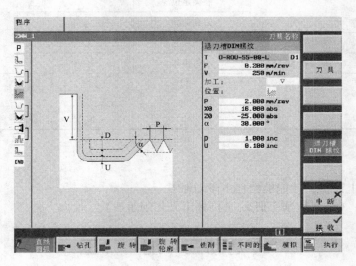

图 3-21　加工螺纹

11）加工矩形腔。在选择加工方式的界面中选择 ![铣削] → ![型腔] → ![矩形腔]，如图
3-22 所示。至此即完成了曲轴的加工。

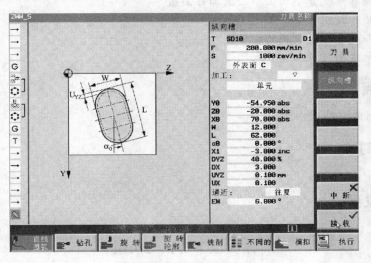

图 3-22　加工矩形腔

四、活动评价

完成项目评价表（见表 3-4）。

表 3-4   项目评价表

序　号	标准/指标		自我评价	教师评价
1	专业能力	资料阅读		任务是否完成
2		信息收集		
3		工艺制订		
4		装夹定位		
5		刀具选择		
6	方法能力	表格填写		
7	社会能力	小组协作		

评价及改进措施：

组长签名：

 小提示

只有通过以上评价，才能继续往下学习哦！

信息采集源：《金属切削手册》、《机械工人切削手册》。

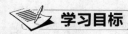 活动三　加　　工

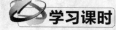 学习目标

1. 能表述车铣复合加工中心的结构及功能。
2. 能熟练操作车铣复合加工中心的操作面板。
3. 能掌握尺寸控制方法。
4. 能辨识和处理数控系统的报警信息。
5. 能进行机床的故障诊断。

学习地点

先进精密制造学习工作站。

学习课时

53 课时。

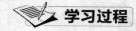 学习过程

掌握以下资讯与决策，才能顺利完成任务

一、学习准备

1. 工艺卡、图样、程序单、互联网、多媒体。

2．车铣复合加工中心、计算机、量具、刃具、机床说明书。

3．安全操作规程、6S 管理规定、《金属切削手册》、《机械工人切削手册》。

二、知识要点

想一想

　　根据加工对象的类型，加工范围、内容和要求，生产批量及毛坯情况等，曲轴零件的加工应选择图 3-23 中的　　　　　　　　机床。

a) 多轴加工中心

b) 数控车床

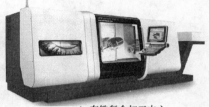

c) 车铣复合加工中心

图 3-23　供选择机床

　　1．车铣复合加工中心的结构及功能

　　（1）结构　车铣复合加工中心主要由主机、数控装置、驱动装置和辅助装置等组成。

　　1）主机。包括床身、立柱、主轴、进给机构等机械部件，是用于完成各种切削加工的部分。

　　2）数控装置。数控装置是车铣复合加工中心的核心，包括硬件（印制电路板、显示器、键盒、纸带阅读机等）及相应软件，用于输入数字化的零件加工程序，并完成输入信息的存储、数据的变换、插补运算及实现各种控制功能。

　　3）驱动装置。驱动装置是车铣复合加工中心执行机构的驱动部件，包括主轴驱动单元、进给单元、主轴电动机及进给电动机等。它在数控装置的控制下通过电气或电液伺服系统实现主轴和进给驱动。当几个进给联动时，可以完成定位、直线、平面曲线和空间曲线的加工。

　　4）辅助装置。辅助装置是指车铣复合加工中心的一些必要的配套部件，用以保证数控机床的运行，包括液压和气动装置、排屑装置、交换工作台、数控转台和数控分度头，还包括刀具及监控检测装置等。

　　（2）功能　如图 3-24 所示，能进行车削、铣削等加工的机床有　　　　　　　　　和　　　　　　　　　　两种。

a) 车削中心

b) 车铣复合加工中心

图 3-24　能进行车削、铣削等加工的机床

　　车削中心是一种以车削加工模式为主，添加铣削动力刀头后又可进行铣削加工的车、铣合一的切削加工机床。

　　车铣复合加工中心是复合加工中心的一种，它是将车与铣两种加工方法集于一台机床之上，具有一次装夹下完成全部加工的特点，其精度高、效率高，符合现代加工中心的发展趋势。

　　车铣复合加工主要应用于航空航天、军事及微电子等高新技术领域，可加工各种新结构、新材料和形状复杂的精密零件，如汽车和航空航天工业中具有螺旋面、凸轮面等复杂曲面的轴、盘类零件。车铣复合加工中心的加工示例如图 3-25 所示。

图 3-25　车铣复合加工中心的加工

🔍 **想一想**

　　车铣复合加工对_____、船舶、军工及民用工业中的一些形状复杂、_____的异形回转体零件，可在_____完成全部或大部分工序的加工，既可保证精度，又可提高效率和降低成本。这不仅是用户的追求，也满足了现代社会节能、降耗的要求。

　　2. 车铣复合加工中心的操作面板

　　车铣复合加工中心的操作面板如图 3-26 所示，各按键功能说明见表 3-5。

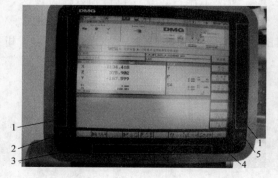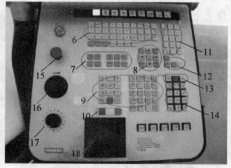

图 3-26　操作面板

1—软键　2—加工区域键　3—菜单返回键　4—菜单扩展键　5—菜单选择键
6—字母区　7—快捷键区　8—光标区　9—运行方式，机床功能　10—程序控制　11—数字区
12—控制键区　13—主轴控制　14—运动轴　15—急停键　16—手轮　17—倍率开关　18—触摸板

表 3-5　面板按键功能说明

序号	按键	功　能　说　明
1	ALARM CANCEL	删除带有此符号的报警和显示信息
2	1…n CHANNEL	存在多个通道时,在各通道间进行切换
3	HELP	调用所选窗口中和上下文相关的在线帮助
4	NEXT WINDOW	在窗口间进行切换。使用多通道视图或多通道功能时,在通道列内部的上下窗口之间进行切换
5	PAGE UP	在窗口中向上翻一页
6	PAGE DOWN	在窗口中向下翻一页
7	▶	光标向右
8	◀	光标向左
9	▲	光标向上
10	▼	光标向下
11	SELECT	存在多个选项时,在选择列表和选择区域中进行选择;激活复选框;在程序编辑器和程序管理器中选择一个程序段或一个程序
12	END	在窗口或表格中将光标移至最后一个输入栏
13	BACKSPACE	编辑区域:删除光标左侧一个选中的字符 导航:删除光标左侧所有选中的字符

序号	按键	功 能 说 明
14	TAB	在程序编辑器中将光标缩进一个字符,在程序管理器中将光标移至条目
15	DEL	编辑区域:删除光标右侧的第一个字符 导航:删除所有字符
16	INSERT	在插入模式下打开编辑区域;再次按下此键,退出区域并取消输入 打开选择区域并显示可进行的选择
17	INPUT	完成输入栏中值的输入 打开目录或程序
18	ALARM	调用"诊断"操作区域
19	PROGRAM	调用"程序管理器"操作区域
20	OFFSET	调用"参数"操作区域
21	PROGRAM MANAGER	调用"程序管理器"操作区域
22	>	菜单扩展键,用于切换至扩展的水平菜单
23	∧	菜单返回键,用于返回上一级菜单
24	MACHINE	调用"加工"操作区域
25	MENU SELECT	调用基本菜单来选择操作区域
26	●	急停键
27	RESET	中断当前程序的处理,保持初始设置,准备好重新运行程序 删除报警

（续）

序号	按键	功　能　说　明
28	SINGLE BLOCK	打开/关闭单程序段模式
29	CYCLE START	也称 NC 启动键，用于开始执行程序
30	CYCLE STOP	也称 NC 停止键，用于停止执行程序
31	JOG	选择运行方式"JOG"
32	TEACH IN	选择子运行方式"示教"
33	MDA	选择运行方式"MDA"
34	AUTO	选择运行方式"AUTO"
35	REPOS	再定位、重新逼近轮廓
36	REF.POINT	返回参考点
37	RAPID	按下方向按键时快速移动轴
38		主轴逆时针旋转
39		主轴停止
40		主轴顺时针旋转

想一想

根据前面的学习，完成表3-6。

表3-6　面板按键功能填空

填入序号	按键	功 能 说 明
2	 ↓↓ CHANNEL (1...n)	
24	 M MACHINE	
25		调用基本菜单来选择操作区域
29	 CYCLE START	
30	 CYCLE STOP	
31	 JOG	
32	 MDA	
34		选择运行方式"AUTO"
36	 REF.POINT	
37	 RAPID	
38		主轴逆时针旋转
39		
40		

3. 尺寸控制方法

（1）通过修改机床刀补参数实现零件加工尺寸的公差要求　在企业中，编程和机床操作为两个不同的部门，如果在加工时为了保证尺寸公差而对数控程序进行修改，必须先让编程人员对其 CAD/CAM 设计文件加以修改重新生成数控加工程序，同时需要再次将程序传输至数控机床。这一工作不仅会影响生产率，也不利于设计文件的管理。在如图

3-27 所示的加工流程图中，由于数控程序已包含刀补信息，实际加工时可通过调整机床数控系统的刀补参数对尺寸公差加以控制，从而保证了设计文件一般无需进行修改，设计不受加工影响。

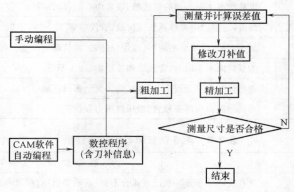

图 3-27　加工流程图

（2）自动编程中预留量的修改　从图 3-27 中可以看出，在零件加工工艺合理的情况下，要想保证零件加工后的尺寸公差符合要求，必须解决自动编程过程中数控程序的生成、测量，并计算误差值和修改刀补值，使零件达到尺寸公差要求。

4. 机床的故障诊断

故障诊断是在数控机床运行过程中，在掌握数控系统各部分工作原理的前提下，根据设备的故障现象，对现行状态进行分析，并辅以必要检测手段，查明故障的部位和原因，提出有效的维修对策。

（1）数控机床故障诊断与维修的常用方法

1）追踪法。追踪法是指在故障诊断和维修之前，维修人员先对故障发生的时间、机床的运行状态和故障类型进行详细的了解，然后寻找产生故障的各种原因。

2）自诊断功能。自诊断功能即数控系统的自诊断报警系统功能，它可以帮助维修人员查找故障，是数控机床故障诊断与维修中十分重要的手段。自诊断功能按诊断时间的先后可以分为启动诊断、在线诊断和离线诊断。

3）参数检查法。数控机床参数设置得是否合理直接关系到机床能否正常工作。这些参数包括位置环增益、速度环增益、反向间隙补偿值、参考点坐标、快速点定位速度、加速度、系统分辨率等，通常不允许修改。如果参数设置得不正确或因干扰使得参数丢失，机床就不能正常运行。因此，参数检查是一项重要的诊断方法。

4）替换法。替换法是指利用备用模块或电路板替换有故障疑点的模块或电路板，观察故障转移的情况，这是常用且简便的故障检测方法。

5）测量法。测量法是指利用万用表、钳形电流表、相序表、示波器、频谱分析仪、振动检测仪等仪器，对故障疑点进行电流、电压和波形测量，将测量值与正常值进行比较，从而分析故障数据的位置。

（2）数控机床故障诊断实例（见表 3-7 ~ 表 3-10）

表 3-7   主轴故障诊断

故 障 现 象	故 障 原 因
主轴发热	轴承损伤或不清洁、轴承油脂耗尽或油脂过多、轴承间隙过小
主轴强力切削停转	电动机与主轴传动的带过松、带表面有油、离合器松
润滑油泄漏	润滑油过量、密封件损伤或失效、管件损坏
主轴噪声(振动)	缺少润滑、带轮动平衡不佳、带轮过紧、齿轮磨损或啮合间隙过大、轴承损坏
主轴没有润滑或润滑不足	油泵转向不正确、油管或滤油器堵塞、油压不足
刀具不能夹紧	碟形弹簧位移量太小、刀具松夹弹簧上螺母松动
刀具夹紧后不能松开	刀具松夹弹簧压合过紧、液压缸压力和行程不够

表 3-8   滚珠丝杠螺母副故障诊断

故 障 现 象	故 障 原 因
噪声大	丝杠支承轴承损坏或压盖压合不良、联轴器松动、润滑不良或丝杠副滚珠有破损
丝杠运动不灵活	轴向预紧力太大、丝杠或螺母轴线与导轨不平行、丝杠弯曲

表 3-9   导轨故障诊断

故 障 现 象	故 障 原 因
导轨研伤	地基与床身水平有变化使局部载荷过大、局部磨损严重、导轨润滑不良、导轨材质不佳、刮研不符合要求、导轨维护不良落入脏物
移动部件	导轨面研伤、导轨压板研伤、镶条与导轨间隙太小
加工面在接刀处不平	导轨直线度超差、工作台塞铁松动或塞铁弯度过大、机床水平度差使导轨发生弯曲

表 3-10   刀库与换刀机械手故障诊断

故 障 现 象	故 障 原 因
刀库刀套不能卡紧刀具	刀套上的调整螺母位置不正确
刀库不能旋转	电动机和蜗杆轴联轴器松动
刀具从机械手中脱落	刀具超重、机械手卡紧销损坏或没有弹出来
刀具交换时掉刀	换刀时主轴没有回到换刀点
换刀速度过快或过慢	气压太高或太低、节流阀开口太大或太小

三、活动过程

完成领料单（见表 3-11），并按开机顺序表（见表 3-12）进行操作，最后填写加工检测表（见表 3-13）。

表 3-11   领料单

序号	材料、工具、量具、刃具名称	规格	数量	签名
1				
2				
3				
4				
5				
6				

表 3-12　开机顺序表

开机班前会	
↓	
按安全操作规程要求作业	
↓	
开机前机床检查	
↓	开机班前会内容:讨论面板操作过程中的注意事项和安全操作要点,以及上一班发生的问题和技术员提出的合理化建议
开机	
↓	
检查机床状态	技术员按领料单领取材料、工具、量具、刃具等
↓	
熟悉面板	
↓	1. 检查润滑油、切削液是否充足,发现不足应及时补充
手动方式	2. 检查机床导轨及各主要滑动面,如有障碍物、工具、铁屑、杂物等,必须清理干净并上油
↓	
手轮方式	
↓	1. 打开机床总电源
录入方式	2. 开启系统电源
↓	
换刀操作	完成主轴旋转、进给运动、刀库转位、切削液开/关等动作,检查机床状态,保证机床正常工作
↓	
主轴控制	
↓	
关闭机床	
↓	
开机班后会	

表 3-13　加工检测表

序号	检 测 项 目	检 测 结 果	改 进 措 施
1	是否发生过切	□ 是 □ 否	
2	是否发生少切	□ 是 □ 否	
3	刀具选择是否合理	□ 是 □ 否	
4	走刀路线是否合理	□ 是 □ 否	
5	进、退刀方式是否合理	□ 是 □ 否	

（续）

序　号	检 测 项 目	检 测 结 果	改 进 措 施
6	零件与刀具是否碰撞	□ 是 □ 否	
7	刀具与夹具是否干涉	□ 是 □ 否	
8	刀具与工作台是否碰撞	□ 是 □ 否	
组长确认			

 小词典

　　机械故障：机械系统（零件、组件、部件或整台设备乃至一系列设备的组合）因偏离其设计状态而丧失部分或全部功能的现象。机床运转不平稳、轴承噪声过大、机械手夹持刀柄不稳定等现象都是机械故障的表现形式。

　　四、活动评价

　　完成项目评价表（见表 3-14）。

表 3-14　项目评价表

序　号	标准/指标		自我评价	教师评价
1	专业能力	程序录入		
2		工件装夹		
3		刀具装夹		
4	方法能力	对刀方法		任务是否完成
5		测量方法		
6		独立获取信息		
7	社会能力	对技术构成的理解力		
8		交流能力		
9		小组协作能力		

评价：

组长签名：

 小提示

　　只有通过以上评价，才能继续往下学习哦！

　　信息采集源：《金属切削手册》、《车铣复合机床使用手册》、《机械工人切削手册》。

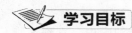

活动四　设备的维护与保养

学习目标

1. 掌握车铣复合加工中心的二级保养方法。
2. 掌握修复或更换磨损零件的方法。
3. 掌握卡盘等夹具的清洗方法。
4. 掌握尾座的检查和修复方法。
5. 能进行机床的水平校正。

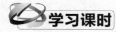

学习地点

先进精密制造学习工作站。

学习课时

2课时。

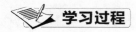

学习过程

掌握以下资讯与决策，
才能顺利完成任务

一、学习准备

1. 车铣复合加工中心、清洁工具、全损耗系统用油、水平仪、多媒体。

2. 车铣复合加工中心日常维护保养规范、6S管理规定。

二、知识要点

1. 车铣复合加工中心的二级保养

1）擦洗设备外观各部位，达到一级保养要求。

2）检查和清洗各箱体。内容包括：各箱内部清洁，无积垢杂物；更换磨损件，测绘备件，提出下次修理备件；进给变速，恢复手柄定位，齿轮啮合间隙符合要求。

3）检查各箱体润滑情况。内容包括：达到一级保养要求；清洁润滑油箱，更换润滑油；修复、更换破损油管及过滤网。

4）检查电气各部是否达到要求。内容包括：达到一级保养要求；电动机清洁，更换轴承润滑油、风扇、外罩齐全；更换或修理损坏的电气元件及触点；各限位开关、联锁装置齐全、可靠；指示仪表、信号灯齐全、准确；电气装置绝缘良好、接地可靠。

2. 修复或更换磨损零件的方法

检查各部零件有无破裂及磨损的情形，可修复的可采用机械修复法、电镀法、电焊法等进行修复，不可修复的应立刻更换新件。

3. 卡盘等夹具的清洗方法

1）为了保证卡盘在长时间使用后仍然有良好的精度，润滑工作很重要，不正确或不合适的润滑方法将导致一系列问题，如低压时不正常工作，夹持力减弱、夹持精度不良、不正常磨损及卡住等，所以必须正确润滑卡盘。

2）每天至少打一次二硫化钼油脂（颜色为黑色），将油脂打入卡盘油嘴内，直到油脂溢出夹爪面或卡盘内孔处。

3）作业完成后务必用风枪或类似的工具清洁卡盘本体及滑道面。

4）至少每6个月拆下卡盘进行分解清洗，保持夹爪滑动面干净并进行润滑，以增长卡盘寿命。

5）使用具有缓蚀效果的切削油，这样可以预防卡盘内部生锈，因为卡盘生锈会降低夹持力而无法将工件夹紧。

4. 尾座的检查和修复

（1）检查方法

1）分解和清洗套筒、丝杠、丝母。

2）检查尾座的紧锁机构。

3）检查、调整尾座顶尖与主轴的同轴度。

（2）修复方法

1）拆洗尾座各部。

2）清除研伤毛刺，检查螺纹间隙。

3）安装时要求达到灵活可靠。

4）检查和修复尾座套筒锥度。

5）检查并更换必要的磨损件。

5. 水平仪的使用方法

使用水平仪时应注意：

1）使用前，必须将被测表面和水平仪的工作面擦洗干净，并进行零位检查。

2）测量时，应使水平仪工作面紧贴被测表面待气泡完全静止后方可读数。

3）读数时应垂直观察，以免产生视差。

4）使用完毕后应进行缓蚀处理，放置时应注意防振、防潮。

三、活动过程

1. 观看车铣复合加工中心保养视频，记录日常保养的内容和方法。

1）_____。

2）_____。

3）_____。

4）_____。

5）_____。

6）_____。

2. 分组保养车铣复合加工中心，并填写设备保养卡（见表3-15）。

表 3-15　设备保养卡

保养项目	完成情况	备　注
清扫机床床身		
清扫机床导轨		
清扫机床附加轴		
清扫机床排屑槽		

3. 按照 6S 管理要求整理场地并记录结果（见表 3-16）。

表 3-16　场地记录卡

管理项目	完成情况	备　注
工具		
量具		
工件		
操作台		
场地打扫		

活动五　检测及误差分析

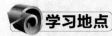 **学习目标**

1. 了解三坐标测量仪的种类。
2. 能对机床进行定位误差检测。

 **学习地点**

先进精密制造学习工作站。

 **学习课时**

2 课时。

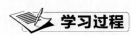 **学习过程**

掌握以下资讯与决策，
才能顺利完成任务

一、学习准备

1. 派工单、图样、工艺卡、量具。

2. 三坐标测量仪、激光干涉仪。

二、知识要点

1. 三坐标测量仪的分类

传统的测量方法是指用传统测量工具（如千分表、量块、卡尺等，如图 3-28 所示）进行测量，随着加工技术和精度要求的提高，越来越多的工件需要进行空间三维测量，传统的测量方法已经不能满足生产的需要。常用三维测量仪器为三坐标测量仪。

图 3-28　传统测量工具

三坐标测量仪按检测方法分为三类：接触式探针测量三坐标测量仪（使用最普遍）、影像复合式三坐标测量仪和激光复合式三坐标测量仪（主要应用于逆向工程扫描），如图 3-29 所示。

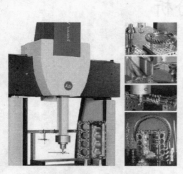 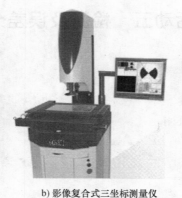 

a) 接触式探针测量三坐标测量仪　　　　b) 影像复合式三坐标测量仪　　　　c) 激光复合式三坐标测量仪

图 3-29　三坐标测量仪分类

2. 机床定位误差的检测

数控机床定位误差补偿系统如图 3-30 所示，该系统由六部分组成：数控机床、双频激光干涉仪、误差测量接口、误差补偿接口、计算机和打印机。其中，数控机床是误差补偿对

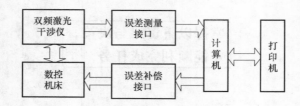

图 3-30　定位误差补偿系统

象，双频激光干涉仪用于测量误差，计算机是该系统的核心。在补偿软件的管理下，通过误差测量接口可用双频激光干涉仪自动测量数控机床的定位误差，由误差补偿接口对数控机床的定位误差进行补偿，误差数据可通过打印机输出。

用激光干涉原理来检测和补偿数控机床的定位误差是一种较为实用的方法，这种方法可以显著地提高数控机床的定位精度，使其工作于最佳精度状态，从而确保数控机床的加工质量。激光干涉仪就是一种利用激光干涉原理检测机床精度的仪器，如图 3-31 所示。其在精度检测中的应用如下：

（1）几何精度的检测 可用于检测直线度、垂直度、俯仰与偏摆、平面度、平行度等。

（2）定位精度的检测 可检测数控机床的定位精度、重复定位精度、微量位移精度等。

图 3-31 激光干涉仪

三、活动过程

1. 零件检测

（1）将曲轴零件的检测项目及结果填入表 3-17 中。

表 3-17 曲轴加工检测表

类　型	项　　目		检测工具	检测结果	是否合格
	公称尺寸	公　差			
线性尺寸					
几何公差	项目名称	公差	—	—	—
表面粗糙度	部位	公差	—	—	—

（2）完成曲轴的检测，判断其是否合格，并将有关结果填入表 3-18。

表 3-18   零件质量问题及可能原因

序号	质量问题	可能原因
1	尺寸精度达不到要求	☐ 对刀时有误差 ☐ 量具握法不正确 ☐ 读数有误 ☐ 其他
2	表面粗糙度达不到要求	☐ 刀具已经磨损 ☐ 转速和进给量的参数选择得不正确 ☐ 其他
3	崩刀	☐ 刀具刚性不足 ☐ 背吃刀量太大 ☐ 进给量过大 ☐ 其他
4	零件表面出现振纹	☐ 刀具安装不正确 ☐ 零件伸出过长，刚性差 ☐ 其他
5	刀具干涉	☐ 编程不合理 ☐ 装夹刀具时没对中心，刀具过高或过低 ☐ 其他
6	撞刀	☐ 对刀时坐标数值输入错误 ☐ 对刀过程中步骤错误 ☐ 程序编写错误 ☐ 其他
7	螺纹精度达不到要求	☐ 刀具补偿错误 ☐ 刀具磨损 ☐ 车床精度不够 ☐ 其他

2. 质量分析

针对表 3-18 中造成零件不合格的项目原因提出相关改进措施。

_____

_____

_____

_____

四、活动评价

完成项目评价表（见表 3-19）。

表 3-19　项目评价表

序　号	标准/指标		自我评价	教师评价
1	专业能力	表面精度		
2		尺寸精度		
3	方法能力	对刀方法		任务是否完成
4		测量方法		
5		独立获取信息		
6	社会能力	对技术构成的理解力		
7		交流能力		
8		小组协作能力		

评价：

组长签名：

小提示

只有通过以上评价，才能继续往下学习哦！

活动六　工作总结与评价

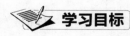
学习目标

1. 能够正确表述制作工作总结 PPT 的步骤。
2. 能够正确地按模板进行工作总结。
3. 能够按表格及指引客观、公正地进行评价。

学习地点

先进精密制造学习工作站。

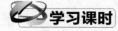
学习课时

3 课时。

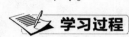
学习过程

掌握以下资讯与决策，
才能顺利完成任务

一、学习准备

1. 派工单、图样、工艺卡、工艺方案、程序单、精度检验单、互联网。

2. 零件。

3. 工作总结模板、评价表格。

二、知识要点

PPT 的基本制作方法如下。

1. 建立文件夹

1）打开"我的电脑"→E 盘。

2）在 E 盘空白处单击右键，在弹出的菜单中选择"新建文件夹"选项。

3）选择输入法。单击显示器右下角的小键盘，在弹出的选项中选择所需输入法。

4）给文件夹命名。

2. 收集素材

1）根据所学内容收集相关素材。

2）将收集到的素材保存在自己的文件夹中。

3. 制作演示文稿

1）打开文件。单击"开始"→"所有程序"→"Microsoft office powerpoint 2003"。

2）保存。单击工具条中的"保存"按钮或单击"文件"菜单项选择"保存"命令。

4. 设计幻灯片

1）设计模板。单击菜单项中的"格式"→"幻灯片设计"。

2）在窗口右侧的选项中选择模板。

5. 输入文字与修饰文字

1）直接在工作区内输入文字。

2）根据需要在工作区内插入文本框，然后在文本框中输入文字。

3）修饰文字。先将要修饰的文字选定，在"绘图"工具栏中选择"字体颜色"按钮或在"格式"工具栏中选择颜色；在"格式"工具栏中选择字体大小按钮并选定数字。

6. 插入图片

1）来自文件。单击菜单中的"插入"→"图片"→"来自文件"，在弹出的对话框中选择图片保存的位置；选中需要的图片，单击"插入"命令。

2）影片文件。单击菜单中的"插入"→"影片和声音文件中的影片"，找到保存图片的位置，选中需要的影片，单击"插入"命令。

7. 设置动画

1）选定要设置动画的文字，单击菜单栏中的"幻灯片放映"→"自定义动画"。

2）在右侧选项中单击"添加效果"右边的黑色三角图标，单击"进入"选择需要的动画。

🔍 **想一想**

为什么要撰写工作总结？工作总结应如何撰写？

_____

_____

_____

三、活动过程

成功了吗？　检查了吗？　评价了吗？　反馈了吗？

时　　　间：_____　地　　　点：_____　班级/组：_____

指导教师：_____　任务名称：_____

1. 调查问卷

（1）总体评价

教学内容　　　　　　　　容易理解□　　　　　　　　不易理解□

理由/说明：_____

教学目标　　　　　　　　容易理解□　　　　　　　　不易理解□

理由/说明：_____

对解决专业问题的指导　　容易理解□　　　　　　　　不易理解□

理由/说明：_____

（2）各工作阶段的独立性（见表 3-20）

表 3-20　独立性判断表

行动阶段	是	否	教师给予的帮助
确定目标（选定途径）			
获取信息/制订计划			
作出决策/实施计划			
控制/评估			

（3）对小组教学和团队合作的评价

评价	+++	++	+	－
聆听	□	□	□	□
接受别人的思想	□	□	□	□
让别人充分表达意见	□	□	□	□
接受批评	□	□	□	□

（4）记录和建议

写下工作过程中发生的问题及其解决方法，并写出你对活动的建议。

2. 工作效果

（1）计划能力评价（见表 3-21）

表 3-21　计划能力评价表

标准/指标	优	良	中	差
界定问题的范围				
明确任务目标				
检查现有状况、系统和故障来源				
对解决问题的办法进行可行性估计				
编制计划的能力				
实施工作计划的能力				
根据需要灵活调整计划的能力				

（2）独立获取信息能力评价

评价	＋＋＋	＋＋	＋	－
随时准备获取信息	☐	☐	☐	☐
利用专业书籍（工具书）	☐	☐	☐	☐
运用数据表格	☐	☐	☐	☐
利用非印刷媒体	☐	☐	☐	☐
利用图书馆	☐	☐	☐	☐

（3）协作能力评价（见表3-22）

表3-22 协作能力评价表

标准/指标	优	良	中	差
考虑到问题的难度				
接受其他人的意见和建议				
可信、可靠				
具有责任心				
与他人协作完成任务				

（4）课业评价（见表3-23）

表3-23 课业评价表

项 目	自我评价			小组评价			教师评价		
	10~8	7~6	5~1	10~8	7~6	5~1	10~8	7~6	5~1
参与度									
工作态度									
规程和制度执行情况									
叙述和解读任务情况									
服从工作安排情况									
完成加工任务情况									
零件自检情况									
清理工作现场情况									
展示汇报情况									
总 评									

小提示

恭喜你！你已经完成了所有的工作任务，请继续努力学习其他课程吧！

附　　录

附录 A　SINUMERIK 840D 系统报警清单

1. "Battery alarm power supply" 电池报警

报警代码：1。

说明：电池电压低于规定值。

纠正措施：更换电池后用应答键消除报警。注意：系统必须带电更换电池。

2. "PLC stop" PLC 停机

报警代码：3。

说明：PLC 没有准备好。

纠正措施：用编程器 PG 读出中断原因（从 ISTACK）并进行分析；分析 NC 屏幕上的 PLC 报警。

3. "Invalid unit system" 非法的单位系统

报警代码：4。

说明：在机床数据 MD5002 中选择了非法的单位组合，即测量系统的单位（位置控制分辨率）与输入系统的单位（转换系数大于 10）之间的组合。

纠正措施：修改机床数据位 MD5002，然后关掉电源并重启。

4. "Too many input buffer parameter" 太多的输入缓冲参数

报警代码：5。

说明：使用 "FORMAT USER M." 软键格式化用户程序存储器时扫描到这个报警。

纠正措施：修改机床数据 MD5（输入小一些的数值），然后重新格式化程序存储器。

5. "EPROM check error" EPROM 检查错误

报警代码：7。

说明：校对 "检查和" 发现一个错误。

纠正措施：关掉电源重开，更换屏幕显示出的有缺陷的 EPROM。

6. "Wrong assignment for axis/spindle" 进给轴/主轴分配错误

报警代码：8。

说明：机床数据 MD200＊、MD400＊或 MD461＊设定错误。

纠正措施：检查并修改机床数据 MD200＊、MD400＊和 MD461＊。

7. "Too small for UMS" UMS 空间太小

报警代码：9。

说明：系统启动后，UMS 的内容被检查，然后准备一个地址清单，这个地址清单需要一定量的内存空间，UMS 清单太大。

8. "UMS error" UMS 错误

报警代码：10。

说明：机床数据 MD5015 位 6 被设置，但没有插入 UMS，UMS 不能装载，也就是说是空的。

纠正措施：插入 UMS，装载 UMS（RAM）。

9．"Wrong UMS identifier" UMS 标识符错误

报警代码：11。

说明：没有装载 UMS；UMS 的内容没有定义；UMS（RAM）被覆盖，插入了错误的 UMS。连接 WS800 时出现错误。

纠正措施：插入正确的 UMS；重装 UMS（RAM）。

10．"PP memory wrongly" 工件存储器错误

报警代码：12。

纠正措施：检查机床数据 MD12，清除工件程序。

11．"RAM error on CPU" CPU 模块上 RAM 错误

报警代码：13。

纠正措施：在初始化菜单中格式化用户存储器，清除工件程序；换模块。

12．"RAM error on memory module" 存储器模块上 RAM 错误

报警代码：14。

纠正措施：在初始化菜单中格式化用户存储器，清除工件程序；换模块。

13．"RAM error on machine data card" MD 的存储器错误

报警代码：15。

纠正措施：格式化存储器，重新装入机床数据；更换 RAM 模块。

14．"Parity error RS232C（V. 24）" RS232C 接口奇偶错误

报警代码：16。

说明：在设定参数设置了传送数据需要进行奇偶校验后，在传送过程中发现奇偶错误。

纠正措施：检查机床设定数据位 5011、5013、5019、5021；检查外部传送装置。

15．"Overflow error RS232C（V. 24）" RS232C 接口溢出错误

报警代码：17。

说明：NC 系统还没有处理完传输的字符，外部装置又传送来新字符。

纠正措施：检查机床设定数据位 5011、5013、5019、5021；测试外部装置；使用线控或字符控制传输；降低传输波特率。

16．"Frame error RS232C（V. 24）" RS232C 接口形式错误

报警代码：18。

说明：接口数据或程序传输时停止位/波特率/数据位设置不正确。

纠正措施：检查设定数据 5011、5013、5019、5021；测试外部装置、数据位数（7 位数据 +1 位奇偶校验位）。

17．"I/O device not ready RS232C（V. 24）" RS232C 接口 I/O 装置没有准备好

报警代码：19。

说明：从外部设备传来的 DSR 信号弱。

纠正措施：激活外部设备；不用 DSR。

18. "PLC alarm memory not formatted" PLC 报警存储器没有格式化

报警代码：20。

纠正措施：进入初始化操作，对报警存储器进行格式化。

注意：传入 PLC 报警文本之前必须格式化报警文本存储器。

19. "Time monitoring RS232C（V. 24）" RS232C 接口监视超时

报警代码：22。

说明：NC 系统 RS232C 启动后，60s 内没有传输数据。

纠正措施：检查外部设备或电缆；检查设定数据。

20. "Char parity error（RS232）" RS232 接口字符奇偶错误

报警代码：23。

说明：磁带脏或损坏。

纠正措施：检查磁带。

21. "Invalid EIA character（RS232）" 非法 EIA 字符

报警代码：24。

说明：一个 EIA 字符被读入，奇偶校验正确，但在 EIA 码中没有定义。

纠正措施：检查穿孔纸带；设定机床数据 5026、5027 和 5029。

22. "Block > 120characters（RS232）" RS232 通信时大于 120 个字符

报警代码：26。

说明：输入的程序块有超出 120 个字符的。

纠正措施：分成两个或更多的程序块。

23. "Data input disabled RS232C（V. 24）" 不能通过 RS232C 接口输入数据

报警代码：27。

说明：传送 NC/PLC 机床数据时密码没有解开；PLC 程序（PCP）、PLC 报警文本只能在初始化状态下被读入，并且 MD5012. 7 = 0。

纠正措施：修改条件。

24. "Circ buffer overflow（RS232）" 缓冲寄存器溢出

报警代码：28。

说明：传送速率太高，读入的数据超出 NC 的处理能力。再次传输程序时，必须先清除出问题的程序。

纠正措施：降低传送速率。

25. "Block > 254char.（RS232）" 程序块大于 254 个字符

报警代码：29。

说明：读入的程序块大于 254 个字符（包括所有的字符）。

纠正措施：分成两个或两个以上的程序块。

26. "PP memory over flow RS232C（V. 24）" RS232C 传输时工件程序存储器溢出

报警代码：30。

说明：工件程序存储器已满。

纠正措施：删除一些无用的程序，重新整理存储器。

27. "No free PP number RS232C（V. 24）" RS232C 传输时工件程序数超过设定值

报警代码：31。

说明：工件程序数超过设定值。

纠正措施：删除一些无用程序，重新整理存储器；改变机床数据程序数 MD8 的设定，并重新格式化程序存储器。

28. "Data format error（RS232）"数据格式错误（RS232 接口）

报警代码：32。

说明：一个地址之后的解码允许号不正确；十进制小数点位置错误；工件程序或子程序定义或结束不正确；NC 需要一个"＝"字符，但这个字符在 EIA 码中没有定义。

纠正措施：检查读入的数据。

29. "Different program same no.（RS232）"RS232C 传输时不同程序号相同

报警代码：33。

说明：系统存储的数据与传入的数据程序号相同，经比较后，因内容不同产生报警。

纠正措施：删除老程序或把老程序换名。

30. "Operator error（RS232）"RS232 操作错误

报警代码：34。

说明：NC 启动传输，PLC 发出第二启动信号。

纠正措施：停止数据输入，重新启动。

31. "Reader error（RS232）"RS232 阅读机错误

报警代码：35。

说明：从西门子磁带阅读机中传来的信息错误。

纠正措施：重新启动数据传输，如果错误再次发生，更换西门子阅读机。

32. "PLC alarm texts from UMS illegal"来自 UMS 的报警文本非法

报警代码：48。

纠正措施：复位 NC 机床数据 MD5012 位 7；检查 UMS，如果需要用 WS800 再设定。

33. "Illegal software limit switch"非法软件限位开关

报警代码：87。

说明：在软件限位中输入了一个非法数值。

纠正措施：检查机床数据 MD224＊、MD228＊、MD232＊、MD236＊或预限位 MD376＊，发现错误后应进行修改。

34. "DAC limit"DAC 超限

报警代码：104＊。

说明：系统设定的 DAC 比 MD268＊设定得高，不能再增加速度。

纠正措施：低速操作，检查实际值、机床数据 MD268＊、驱动单元、机床数据 MD364＊和 MD368＊。

35. "Overflow of actual value"实际值溢出

报警代码：108＊。

说明：实际机床数值丢失，高速运动时计数器溢出，参考点在这个过程中丢失。

纠正措施：减小最大速度，检查机床数据 MD364＊和 MD368＊。

36. "Clamping monitoring"卡紧监视

报警代码：112 ∗ 。

说明：在伺服轴定位期间，跟随误差消除时间超出机床数据 MD156 设定的数值；在卡紧期间，超过机床数据 MD212 ∗ 设定的数据。

纠正措施：MD156 设定的数据必须保证能够在此期间减少跟随误差；检查 MD212 ∗ 必须大于 MD204 ∗ 。

37. "Contour monitoring" 轮廓监视

报警代码：116 ∗ 。

说明：在加速或减速期间，伺服轴没有在规定时间内达到新的速率。

纠正措施：检查伺服增益系数；检查速度控制器；检查驱动执行机构。

38. "Meas. system dirty" 测量系统脏

报警代码：136 ∗ 。

说明：伺服环测量反馈有污染信号，即检测信号不正常。

纠正措施：检查测量系统。

39. " + SW over travel switch" 超过软件正向限位

报警代码：148 。

40. " – SW over travel switch" 超过软件负向限位

报警代码：152 ∗ 。

纠正措施：向相反方向运动即可消除报警。

41. "Set speed too high" 设定速度太高

报警代码：156 ∗ 。

说明：伺服轴的设定速度高于机床数据 264 ∗ 设定的数值。

纠正措施：检查 MD264 的数据是否比 MD268 的数据大；检查驱动器；检查测量系统；检查 NC 的中性点是否接地；检查位置控制环的方向。

42. "Drift too high" 漂移太大

报警代码：160 ∗ 。

说明：NC 修正的漂移太大。

纠正措施：执行漂移补偿即可消除此故障。

43. "Servo enable, trav . axis 进给轴伺服功能

报警代码：168 ∗ 。

说明：在伺服轴运动期间，伺服轴的伺服能被 PLC 取消。

纠正措施：检查 PLC 程序。

44. " + Working area limit" 超出正向工作区域设置

报警代码：172 ∗ 。

45. " – Working area limit" 超出负向工作区域设置

报警代码：176 ∗ 。

纠正措施：检查程序是否有问题；若程序没问题，检查设定数据中的工作区域设置。

46. "Axis in several channels" 进给轴在几个通道内

报警代码：180 ∗ 。

说明：在不同通道同步处理两个程序时，一个进给轴在两个程序里编程。

纠正措施：检查这两个程序。

47. "Stop behind ref . Point" 在参考点后停

报警代码：184 ＊。

说明：回参考点时，进给轴停止在参考点碰块和零点脉冲之间。

纠正措施：重回参考点。

48. "Emergency stop" 急停

报警代码：2000。

说明：PLC 的输出 Q78.1 变为 "0"。

纠正措施：检查急停开关，检查限位开关，检查 PLC 程序。

49. "Path increment incorrect" 途径增量不正确

报警代码：2030。

纠正措施：检查 G06 块，再进行计算，如果发现错误，进行修改。

50. "Evaluation factor too high（MD388 ＊）" 评估因数太高（MD388 ＊）

报警代码：2031。

纠正措施：检查机床数据 MD388 ＊。

51. "Stop during threading" 在攻螺纹期间停止

报警代码：2032。

说明：在切削期间，每转进给被停止，螺纹毁坏。

52. "Speed reduction area" 在减速区域

报警代码：2034。

说明：进给轴到达软件预限位，进给轴减速到设定速率。

纠正措施：检查程序，检查机床数据 MD0（或 MD376 ＊）和 MD1。

53. "Feed limitation" 进给速率极限

报警代码：2035。

说明：程序中的编程速率比进给轴设定的最大速率高。

纠正措施：降低编程速率即可消除故障。

54. "G35 thread lead dear . error" G35 螺纹螺距减小

报警代码：2036。

说明：螺距在攻螺纹期间减小且减小得太多，以致在螺纹结束点上直径等于或小于零。

纠正措施：编程减小螺距或缩短螺纹。

55. "Programmed S value too high" 编程 S 值太高

报警代码：2037。

说明：在程序中编程的主轴速度 S 值高于 "16000"。

纠正措施：将 S 数值设置小于 "16000" 即可。

56. "Reference point not reached" 参考点没有达到

报警代码：2039。

说明：进给轴没有都回参考点。

纠正措施：将所有轴回参考点即可。注意：没回参考点会导致软件限位失效。

57. "Block not in memory" 程序块没在存储器内

报警代码：2040。

说明：在程序块中搜索时，没有发现要寻找的程序块；在工件程序中，跳转指令指向的程序号在给定的方向不存在。

纠正措施：修改工件程序即可。

58. "Program not in memory" 程序没在存储器内

报警代码：2041。

说明：预选工件程序没在存储器里；调用的子程序没在存储器里。

纠正措施：重新输入存在的程序号；选用正确子程序。

59. "Parity error in memory" 存储器中奇偶错误

报警代码：2042。

说明：存储器中的一个或多个字符被删除，不能被识别（这个字符被输出成 "?"）。

纠正措施：修改程序或删除整个程序块并重新输入；当很多 "?" 被显示的时候，可能整个存储器被删除，这种情况下应检查电池。

60. "Block greater than 120 characters" 一个程序块中多于 120 个字符

报警代码：2046。

说明：LF 被颠倒，使存储器中产生一个多于 120 个字符的程序块。

纠正措施：在程序块中插入 LF 或删除整个程序块。

61. "Option not available" 选件不可用

报警代码：2047。

说明：使用的程序功能与控制器不配套。

纠正措施：修改程序，检查机床数据 MD。

62. "Circle end point error" 圆弧结束点错误

报警代码：2048。

说明：程序中的圆弧结束点没在圆弧上；机床数据规定的公差带被超过。

纠正措施：修改程序。

63. "Opt. thread/rev. not available" "螺纹/转" 选项不可用

报警代码：2057。

说明：虽然 G33、G34、G35 在控制器中没有设定，在程序中却编辑了车螺纹指令，每转进给速率被编程。

纠正措施：检查程序，检查机床数据 MD。

64. "3D option not avail." 3D 选项不可用

报警代码：2058。

说明：三轴同时编程或一个程序块编辑了三轴运动。

纠正措施：检查程序，检查机床数据 MD。

65. "G92 program error" G92 程序错误

报警代码：2059。

说明：使用了一个非法地址字符；圆柱插补错误。

纠正措施：G92 只允许具有地址 +S（编程主轴速度极限）或 +P（圆柱插补）。

66. "T0，Z 0 program error" 刀具或零点编程错误

报警代码：2060。

说明：选择了一个不存在的刀具补偿号；选择的零点补偿或刀具补偿太大。

纠正措施：检查程序、刀具补偿或零点补偿。

67. "General programming error" 一般编程错误

报警代码：2061。

说明：轮廓计算不正确；多轴功能的机床数据不正确。

68. "Feed missing/not prig." 进给速率丢失

报警代码：2062。

说明：工件程序中没有编程 F 值或 F 值太小。

纠正措施：检查工件程序，修改进给速度。

69. "Thread lead too high" 螺距太高

报警代码：2063。

说明：编程的螺距大于 400mm/r（16in/r）。

纠正措施：编一个小一些的螺距。

70. "Rotary axis in correctly programmed" 旋转轴编程不正确

报警代码：2064。

纠正措施：在程序中修改旋转轴的位置；检查机床数据 MD560 的位 2 和位 3。

71. "Position behind SW over travel" 定位在软件限位后

报警代码：2065。

说明：工件程序中编程的进给结束点在软件限位之后。

纠正措施：检查并修改工件程序。

72. "Thread lead increase/decrease" 螺纹螺距增加/减小

报警代码：2066。

说明：螺距的增加或减小比 16mm/r（0.6in/r）大的设置被编程。

纠正措施：编一个较小的螺距增加/减小量。

73. "Max. Speed = 0" 最大速度为 0

报警代码：2067。

说明：在程序块中进给轴编程的最大速度是 0。

纠正措施：检查机床数据 MD280 *。

74. "Pos. Behind working area" 定位在工作区域后

报警代码：2068。

说明：工件程序编程的进给轴结束点在工作区域外。

纠正措施：检查并修改程序，或者检查并修改设定的工作区域。

75. "Incorrect input value" 不正确的输入值

报警代码：2072。

说明：用于轮廓定义计算的输入值不能被计算。

纠正措施：输入一个正确的数值。

76. "Incorrect angle value" 不正确的角度值

报警代码：2074。

说明：大于或等于 360°的角度被编程；定义的轮廓角度值不实际。

77. "Incorrect radius value" 不正确的半径值

报警代码：2075。

说明：半径太大，定义的轮廓半径不允许。

78. "Incorrect G02/G03" 不正确的 G02/G03

报警代码：2076。

说明：限定的轮廓圆弧走向不可能。

79. "Incorrect block sequence" 不正确的块顺序

报警代码：2077。

说明：在计算轮廓定义时几个块是必需的，块顺序不正确，数据不充分。

80. "Incorrect input parameter" 不正确的输入参数

报警代码：2078。

说明：编程参数顺序不允许，定义的轮廓参数顺序不完全。

81. "CRC not allowed" CRC 不允许

报警代码：2081。

说明：选择刀尖半径补偿时，功能 G33、G34、G35、G58、G59、G92 不能编程。

纠正措施：先编程 G40，删除 G41/G42D00。

82. "CRC plane not determinable" CRC 平面不确定

报警代码：2082。

说明：CRC 平面选择的轴不存在。

纠正措施：检查机床数据 MD548＊、MD550＊、MD552＊（G16 的基本设定），用 G16 选择正确的平面。

83. "Coordinate rotation not permitted" 坐标旋转不允许

报警代码：2087。

说明：在 NC 加工程序中，当坐标旋转已经编程时，变化总的旋转角度后，圆弧运动被立即执行。

纠正措施：检查并修改 NC 程序。

84. "Spindle speed too high" 主轴速度太高

报警代码：2152。

说明：主轴实际速度已经超过了机床数据设定的范围。

纠正措施：编一个更小的 S 值；检查机床数据 MD403＊~410＊；检查机床数据 MD445＊和 MD451＊；G92 S 对于恒速编程不正确（G96）。

85. "Control loop spindle HW" 主轴控制环硬件

报警代码：2153。

说明：见 132＊报警。

86. "Spindle measuring system dirty" 主轴测量系统脏

报警代码：2154。

说明：主轴测量反馈有污染信号，即检测信号不正常。

纠正措施：检查测量系统。

87. "Option M19 not available" 选件 M19 不可用

报警代码：2155。

说明：虽然定位指令不可用，但程序中使用了 M19S。

纠正措施：修改程序或定制选件 M19。

88. "Scale factor not allowed" 标定系数不允许

报警代码：2160。

纠正措施：检查 G51P…NC 程序块。

89. "Scale change not allowed" 标定变化不允许

报警代码：2161。

纠正措施：用 G51X…Y…Z…U…P 检查 NC 程序。

90. "Approach not possible" 接近不可能

报警代码：2171。

说明：在编程平面，控制器增补不多于一个轴；在编程平面，当两个轴被增补时，接近是不可能的。

纠正措施：检查 NC 程序，在接近块中完善轴编程；在选择块后立即编辑取消块是不允许的。

91. "React not possible" 退出不可能

报警代码：2172。

纠正措施：在接近块中完善轴编程；接近运动必须用 G48 编程以取消运动指令编程。

92. "Wrong app. /retract plane" 错误的应用/收回

报警代码：2173。

说明：对于平滑接近/退出功能，选择/取消运动是与选择平面指令 G16、G17、G18、G19 相关联的。

纠正措施：检查 NC 程序是否在选择或取消块后的块中变换了平面。

93. "General program error" 一般程序错误

报警代码：3000。

说明：不能准确定义的一般性程序错误已经发生。

纠正措施：用"修正块"功能检查错误块；如果可能，将光标定位在含有错误的字前面，含义错误的程序块号显示在报警号的后面。

94. "Geometry parameter > 5" 几何参数 > 5

报警代码：3001。

说明：在程序块中编辑了 5 个以上的几何参数，如进给轴、插补参数、半径、角度等。

纠正措施：见 3000 报警。

95. "Polar/radius error" 极坐标/半径错误

报警代码：3002。

说明：使用极坐标半径编程时，没有使用角度、半径、中心点坐标。

纠正措施：见 3000 报警。

96. "Invalid address" 非法地址

报警代码：3003。

说明：程序中的地址编程在机床数据中没有定义。

纠正措施：修改机床数据。

97. "CL800 error" CL800 错误

报警代码：3004。

说明：@ 指令不执行；@ 后面的地址不正确；@ 后面的地址中有不正确的数值；K、R 或 P 的数值不允许；解码数太大；不允许使用十进制小数点；跳转定义不正确；系统存储器（NCMD、PLCMD）不存在；位号太大；不正确的正弦或余弦角度数值。

纠正措施：按 @ 清单编程；定义跳转向前用 "＋"，向后用 "－"；检查给定数据的合法性；用单段解码，然后检查程序。

98. "Contour definition error" 轮廓定义错误

报警代码：3005。

说明：轮廓描述的坐标定义后没有相交点。

纠正措施：见 3000 报警。

99. "Wrong block structure" 块结构错误

报警代码：3006。

说明：在一个程序块中多于 3 个的 M 功能被编程；在一个程序块中编程了一个以上的 S 功能；在一个程序块中编程了一个以上的 T 功能；在一个程序块中编程了一个以上的 H 功能；在一个程序块中多于 4 个的辅助功能被编程；在 G00/G01 的程序块中，多于 3 个的轴被编程；在 G02/G03 的程序块中，多于 2 个的轴被编程；G04 编程地址不是 "XI" 或 "F"；M19 的编程地址不是 "S"；G02/G03 的插补参数不正确或没有。

纠正措施：见 3000 报警。

100. "Wrong setting data program" 数据程序设定错误

报警代码：3007。

说明：G25/G26 被编程；G92 编程没有使用 S 地址，而使用了其他地址；M19 编程没有使用 S 地址，而使用了其他地址。

纠正措施：见 3000 报警。

101. "Subroutine error" 子程序错误

报警代码：3008。

说明：将 M30 作为子程序结束指令；在子程序结尾，M17 没有被编程；激活第四层子程序嵌套；在主程序中使用 M17 作为程序结束指令。

纠正措施：见 3000 报警。

102. "Program disabled" 程序不可能

报警代码：3009。

说明：在自动方式时预选了 L0 子程序，PLC 调用的程序丢失。

103. "Intersection error" 相交点错误

报警代码：3010。

纠正措施：见 3000 报警。

104. "Number faxes ＞ 2/axestwice" 进给轴号使用两次以上。

报警代码：3011。

说明：在同一程序块中一个进给轴被编程两次。

纠正措施：见 3000 报警。

105. "Block not in memory" 块没在存储器里

报警代码：3012。

说明：程序结束时没有使用 M02、M30、M17 指令；跳转指令（@ 100、11x、12x、13x）使用的块号在要求的方向内找不到。

纠正措施：见 3000 报警。

106. "Simulation disabled" 模拟不可能

报警代码：3013。

说明：当相应的机床数据被设定后，图形模拟（用于检查工件程序）仅可在机床没有同步运行程序时执行。

纠正措施：用 "RESET" 键在适当的点中断工件程序；处理工件程序，然后模拟。

107. "External data input error" 外部数据输入错误

报警代码：3016。

说明：当外部数据从 PLC 输入 NC 时，编码不正确、数值超过允许范围、尺寸标识不允许、选件不可用。

纠正措施：检查 PLC 程序，检查 NC 机床数据、PLC 机床数据。

108. "Part program no. occurs twice" 工件程序号出现两次

报警代码：3017。

说明：在存储循环的存储器中有一个程序重复了。

纠正措施：检查 UMS。

109. "Distance from contour too great" 到轮廓的距离太大

报警代码：3018。

说明：重新定位后，到圆弧轮廓（MD9）的距离太大。

纠正措施：检查 MD9，移动一段距离，使到轮廓的距离更小一些。

110. "Option RS232 not available" 选件 RS232 不可用

报警代码：3019。

说明：第二个 RS232C（V.24）接口被 PLC 激活或使用了没有定购的选件软键。

纠正措施：定购选件 C62（第二个 RS232C 接口）；使用第一个 RS232C 接口传递数据。

111. "Option not available" 选件不可用

报警代码：3020。

说明：在编程中使用了一个控制器不知道的功能。

纠正措施：见 3000 报警；定购选件。

112. "CRC contour error" CRC 轮廓错误

报警代码：3021。

说明：在进给运动时，补偿计算结果和程序中的运动方向相反。

纠正措施：检查并修改程序。

113. "Display description not available" 显示描述不可用

报警代码：3024。

说明：在用户存储器子模块或系统存储器中，一个设定的软键已经用来跳转到一个不可用的显示。

纠正措施：检查显示号；检查软键功能。

114. "Display description error" 显示描述错误

报警代码：3025。

说明：控制器没有图形选件，但设定了图形显示；已选的显示有太多的变量和范围；设定了一个控制器没有的显示类型。

纠正措施：用编程工作站检查；如果需要，定购"图形"选件。

115. "Graphics/text too volum." 图形/文本容积太大

报警代码：3026。

说明：在选择显示时设定错误；图形和文本的总和太大。

纠正措施：用编程工作站检查显示；如果需要，把显示内容分成两个以上的显示。

116. "Graphics command too volum." 图形命令容积太大

报警代码：3027。

说明：选择显示时设定图形命令的总和太大。

纠正措施：见 3000 报警。

117. "Too many fields/variables" 范围/变量太多

报警代码：3028。

说明：选择显示时设定错误；范围数和变量数是受传递缓冲器特殊长度限制的，由于范围/变量有不同的格式和位置，所以范围/变量的最大数量不能定义。

纠正措施：用编程工作站检查显示；减少范围和变量的数量；如果需要，把内容分成两个以上的显示。

118. "Graphics option not available" 图形选件不可用

报警代码：3029。

说明：在选择显示时，虽然机床数据 MD5015 的位 2 被设定，但设定的图形元件在控制器上不可用。

纠正措施：定购"图形"选件；不用图形元件构成显示。

119. "Cursor memory not available" 光标存储器不可用

报警代码：3030。

说明：在选择显示时，设定的光标存储器不正确（数量不允许或太大）。

纠正措施：用编程工作站重新确定光标存储器。

120. "Too many fields/variables（DIS-GGS）" 太多的范围/变量（DIS-GGS）

报警代码：3032。

纠正措施：见 3028 报警。

121. "Display text not available" 显示文本不可用

报警代码：3033。

说明：在与编程工作站连接期间发现错误。

纠正措施：检查连接清单，重新连接编程工作站。

122. "Text not available" 文本不可用

报警代码：3034。

说明：菜单文本，对话文本、模式文本、报警文本等有不正确的连接，或在选择显示时根本没有连接。

纠正措施：用编程工作站检查显示。

123. "Fields/var. not displayable" 范围/变量不能显示

报警代码：3040。

说明：范围/变量设定不正确或没有设定；范围/变量设定位置不充分；范围/变量溢出。

纠正措施：用编程工作站检查范围/变量；如果需要，删除和重新输入。

124. "Too many fields/variables（DID-DIS）" 太多的范围/变量（DID-DIS）

报警代码：3041。

纠正措施：见 3028 报警。

125. "Display description error" 显示描述错误

报警代码：3042。

说明：在显示描述中发现一个错误，但无法准确定义，如一个不存在的范围被编程。

纠正措施：用编程工作站检查显示，图形不可用。

126. "Display description error" 显示描述错误

报警代码：3043。

说明：见 3024 和 3042 报警。

127. "Variable error" 变量错误

报警代码：3046。

说明：选择了一个控制器不能识别的变量。

纠正措施：用编程工作站检查显示；如果需要，重新输入变量。

128. "Wrong work piece definition" 错误的工件定义

报警代码：3048。

说明：定义工件时，最大和最小数值被颠倒，如 $X_{min} = 100$、$X_{max} = 50$。

纠正措施：检查并修改工件定义的数值。

129. "Wrong simulation area" 错误的模拟区域

报警代码：3049。

说明：定义模拟区域时，数值不正确或有误。

纠正措施：检查模拟区域数值，模拟只有在按复位和报警应答键后才能重新开始。

130. "Incorrect input" 不正确的输入

报警代码：3050。

说明：模拟数据不正确或没有定义。

131. "Data block not available" 数据块不可用

报警代码：3063。

说明：在 PLCSTATUS 中被选择的数据块 DB 号不可用。

纠正措施：选择或建立正确的数据块 DB。

132. "CRC not selected on approach" 在接近过程中没有选择 CRC

报警代码：3081。

说明："轮廓接近和退出"功能只有在选择了切削半径补偿时才可用。

纠正措施：选择 CRC。

133．PLC 用户报警

报警代码：6000～6063。

134．"Signal converter missing"信号转换丢失

报警代码：6100。

说明：装载或传送到外围装置（I/O）的命令不可用，如 LPB、TPB。

纠正措施：检查外围地址或 STEP5 程序。

135．"Illegal MC5 code"非法的 MC5 码

报警代码：6101。

说明：STEP5 指令不能被译码。

纠正措施：检查或重装 PLC 程序，分析 ISTACK。

136．"Illegal MC5 parameter"非法的 MC5 参数

报警代码：6102。

说明：非法的 MC5 参数类型（I、Q、F、C、T）或非法的参数数值。

纠正措施：检查 PLC 程序，分析 ISTACK。

137．"Transfer to missing DB"传输缺少 DB

报警代码：6103。

说明：执行 LDW 或 TDW 时，预先没有打开数据块 DB。

纠正措施：检查 PLC 程序。

138．"Substitution error"替代错误

报警代码：6104。

说明：BMW 或 BDW 命令中参数化错误。

纠正措施：修改 PLC 程序。

139．"Missing MC5 block"缺少 MC5 块

报警代码：6105。

说明：调用的 OB、PB、SB、FB 块不可用。

纠正措施：输入丢失的块。

140．"DB missing"缺少数据块

报警代码：6106。

说明：程序中调用的数据块不可用。

纠正措施：输入数据块。

141．"Illegal segment LIR/TIR"非法程序段 LIR/TIR

报警代码：6107。

说明：LIR 允许段号 0～A；TIR 允许段号 0～6。

纠正措施：修改程序。

142. "Illegal segment block transfer TNB/TNW" 非法程序块 TNB/TNW 传输

报警代码：6108。

说明：源地址或目的地址不正确。源：允许段号 0～A；目的；允许段号 0～6。

纠正措施：修改程序。

143. "Overflow-BSTACK" BSTACK 溢出

报警代码：6109。

说明：嵌套深度超过 120。

纠正措施：修改程序。

144. "Overflow-ISTACK" ISTACK 溢出

报警代码：6110。

说明：两个以上的 ISTACK 输入。循环程序（OB1）被中断处理器（OB2）中断，中断处理器中断自己。

纠正措施：优化 OB2 的时间，也就是减少中断处理器的激活处理时间。

145. "MC5 instruction STS" MC5 指令 STS

报警代码：6111。

说明：在 FB 中编入了 STS 指令。

146. "MC5-command STP" MC5 的 STP 指令

报警代码：6112。

说明：编程中有 STP 指令。

147. "Illegal MC5 timer/counter" 非法 MC5 定时器和计数器

报警代码：6113。

说明：STEP5 定时器或计数器不可用，或者 MD 没有指定。

纠正措施：修改程序，修改时间常数；或者改变 PLC 机床数据 MD6。

148. "Function macro" 宏功能

报警代码：6114。

说明：功能块使用错误。

149. "System commands disabled" 系统命令不可能

报警代码：6115。

说明：编程命令中使用了 LIR、TIR、TNB、TNW 指令。

纠正措施：检查 PLC 机床数据 MD2003 的位 40。

150. "MD 0000 Alarm byte No." MD0 报警字节号

报警代码：6116。

说明：PLC 机床数据 MD0 设定的数值大于 31。

纠正措施：修改 PLC 数据 MD0。

151. "MD 0001 CPU load" MD1 CPU 装载错误

报警代码：6117。

说明：PLC 机床数据 MD1 设定的数据大于 200。

纠正措施：修改 PLC 数据 MD1。

152．"MD 0003 Alarm runtime" MD3 运行时间报警

报警代码：6118。

说明：PLC 机床数据 MD3 设定的数据大于 2500μs。

纠正措施：修改 PLC 数据 MD3。

153．"MD 0005 Cycle time" MD5 循环时间错误

报警代码：6119。

说明：PLC 机床数据 MD5 设定的数据大于 320μs。

纠正措施：修改 PLC 数据 MD5。

154．"MD 0006 Last MC5 time" MD6 最后一个 MC5 定时器错误

报警代码：6120。

说明：PLC 机床数据 MD6 设定的数据大于 31。

纠正措施：修改 PLC 数据 MD6。

155．"This arrangement n. permitted" 这个配置号码不允许

报警代码：6122。

说明：由 DIP-FIX（S6）设定的主 PLC 连接模块时，设置了一个错误的耦合位置（=0）。

纠正措施：设置合适的 DIP-FIX（S6）。

156．"Illegal servo sampling time" 非法伺服采样时间

报警代码：6123。

说明：NC 机床数据 MD155 设定的数值大于 100。

纠正措施：修改 NC 数据 MD155。

157．"Gapin MC5 memory" MC5 存储器有空隙

报警代码：6124。

说明：合法和不合法的程序块没有间隙地排列。

纠正措施：总复位重装 PLC 程序。

158．"Inputs assigned twice" 输入指定两次

报警代码：6125。

说明：中心和分布的输入使用了相同的地址。

纠正措施：检查输入模块地址设定。

159．"Outputs assigned twice" 输出指定两次

报警代码：6126。

说明：中心和分布的输出使用了相同的地址。

纠正措施：检查输出模块地址设定。

160．"Alarm byte missing" 报警字节丢失

报警代码：6127。

说明：在硬件上选择的中断输入字节不可用。

纠正措施：改变 PLC 数据 MD0 的设定或调整中断字节的地址解码。

161. "Synch. error basic program" 基本程序同步错误

报警代码：6130。

说明：安装功能模块的同步模式不正确。

纠正措施：PLC 总复位；如果需要，重装 PLC 程序。

162. "Synch. error MC5 program" MC5 程序同步错误

报警代码：6131。

说明：STEP5 程序块的同步模式不正确。

纠正措施：PLC 总复位，重装 PLC 程序。

163. "Synch. error MC5 data" MC5 数据同步错误

报警代码：6132。

说明：STEP5 数据块的同步模式不正确。

纠正措施：PLC 总复位，重装 PLC 程序。

164. "Illegal block basic program" 非法基本程序块

报警代码：6133。

纠正措施：更换系统软件。

165. "Illegal block MC5 data" 非法 MC5 数据块

报警代码：6134。

纠正措施：PLC 总复位，重装 PLC 程序。

166. "Sum check error MC5 block" MC5 块 "检查和" 错误

报警代码：6136。

纠正措施：PLC 总复位，重装 PLC 程序。

167. "Sum check error basic program" 基本程序 "检查和" 错误

报警代码：6137。

纠正措施：PLC 总复位，重装 PLC 程序。

168. "No response from EU" EU 没有响应

报警代码：6138。

说明：EU 单元上没有操作电压。

纠正措施：检查电压（24V）和 EU 设定地址。

169. "EU transmission error" EU 传输错误

报警代码：6139。

说明：中央控制器与 EU 单元之间的协议不正确。

纠正措施：检查电缆；遵守光纤安装指导；检查屏蔽。

170. "Decoding DB not available" DB 解码不可用

报警代码：6143。

说明：数据块 DB80 丢失。

纠正措施：输入 DB80。

171. "Decoding not module 6" 解码余数不是 6

报警代码：6144。

说明：在数据块 DB80 中，每个扩展 M 功能有 3 个 DW。

纠正措施：数据块 DB 中的 DW 号必须乘以 30。

172. "Wrong number of decoding units" 解码单元的错误号

报警代码：6145。

说明：解码单元允许号是 2、4、8、16、32。

纠正措施：输入正确的解码单元号。

173. "Decoding DB too short" 数据块 DB 解码太短

报警代码：6146。

说明：DB80 没有设定到全长度（DB0～95）。

纠正措施：在启动过程中，设定 DB80 或输入子循环。

174. "Distributed I/O changed" I/O 分配变化

报警代码：6147。

说明：在机床运行时插入或拔下模块。

175. "Over temperature in EU" EU 单元超温

报警代码：6148。

说明：EU 上温度升高，风扇故障。

纠正措施：检查并修理风扇。

176. "Stop via soft key PG" 通过 PG 停

报警代码：6149。

说明：通过 PG（编程器）停止 PLC 工作。

纠正措施：通过 PG 启动 PLC，重开电源。

177. "Time out：User memory" 用户存储器超时

报警代码：6150。

说明：精解码错误。

纠正措施：分析精解码错误。

178. "Time out：Link memory" 连接存储器超时

报警代码：6151。

纠正措施：检查硬件。

179. "Time out：LIR/TIR" LIR/TIR 超时

报警代码：6152。

说明：编程通道不可用。

纠正措施：检查段和补偿地址、机床硬件是否有问题。

180. "Time out：TNB/TNW" TNB/TNW 超时

报警代码：6153。

说明：编程错误或 TNB/TNW 使用不正确。

纠正措施：检查源地址和目的地址的可靠性；检查地址是否可用。

181. "Time out：LPB/LPW/TPB/TPW" LPB/LPW/TPB/TPW 超时

报警代码：6154。

说明：装载、传送到 I/O 装置失败。

纠正措施：检查 I/O 装置或更换模块。

182. "Time out：substitution command" 置换命令超时

报警代码：6155。

纠正措施：检查 PLC 程序。

183. "Time out：not interpretable" 不能译码超时

报警代码：6156。

说明：系统程序中没有（超时）应答定义。

纠正措施：分析错误精确诊断数据；PLC 总复位，重装 PLC 程序。

184. "Time out：JUFB/JCFB" JUFB/JCFB 超时

报警代码：6157。

说明：在驻留功能宏中选取了一个不能用的地址。

纠正措施：检查硬件。

185. "Time out：with I/O transfer" I/O 传输超时

报警代码：6158。

说明：中心 I/O 装置不响应。注意：启动时应检查所有 I/O 模块，如果循环操作时 I/O 模块序号发生变化，则报警。

纠正措施：检查连接 I/O 模块的总线。

186. "Time exceeded STEP5" STEP5 时间超出

报警代码：6159。

说明：超出 PLC 数据 MD1 设定的最大运行时间。

纠正措施：增大 MD1 的数值；设定数据 2003 的 6 位；PLC 程序时间优化。

187. "Run time exceeded OB2" OB2 运行时间超出

报警代码：6160。

说明：超出 PLC 数据 MD3 设定的最大运行时间。

纠正措施：增大 MD3 的数值；PLC 程序时间最优化。

188. "Cycle time exceeded" 循环时间超出

报警代码：6161。

说明：超出 PLC 数据 MD5 设定的最大运行时间。

纠正措施：PLC 程序优化。

189. "Processing time delay 0132" OB2 处理时间超出

报警代码：6162。

说明：报警程序中断自己。

纠正措施：优化 OB2 的时间，也就是减少中断处理器的激活处理时间。

附录 B　加工中心操作工国家职业资格高级实操题目

（附图 1 ~ 附图 11）

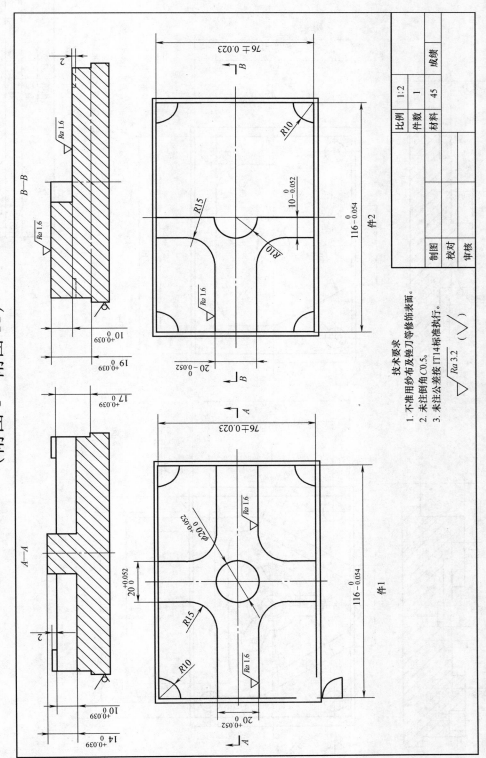

附图　1

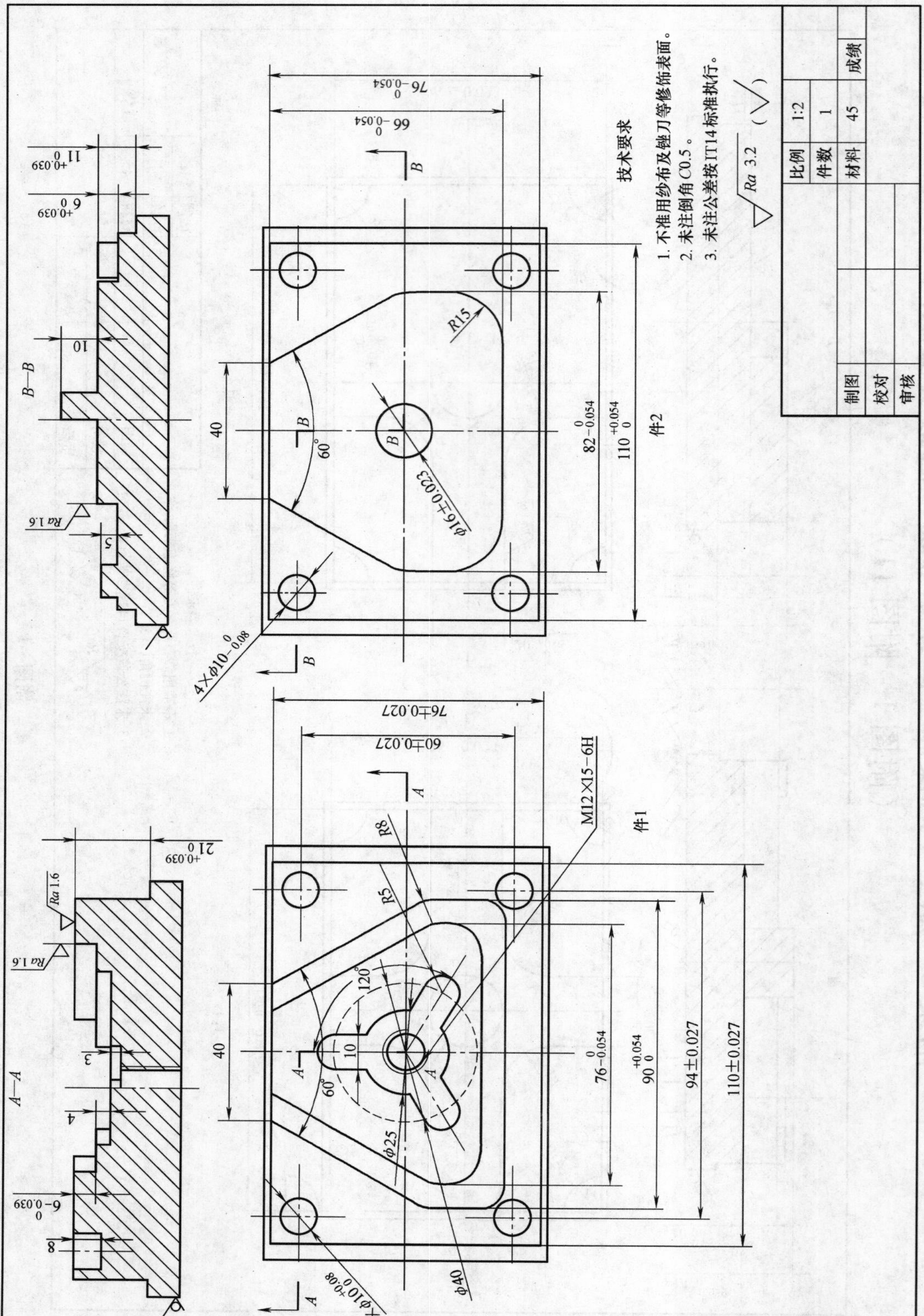

技术要求

1. 不准用纱布及锉刀等修饰表面。
2. 未注倒角C0.5。
3. 未注公差按IT14标准执行。

$\sqrt{Ra\ 3.2}$ ($\sqrt{}$)

比例	1:2			
件数	1			
材料	45	成绩		
制图				
校对				
审核				

件2

件1

附图 2

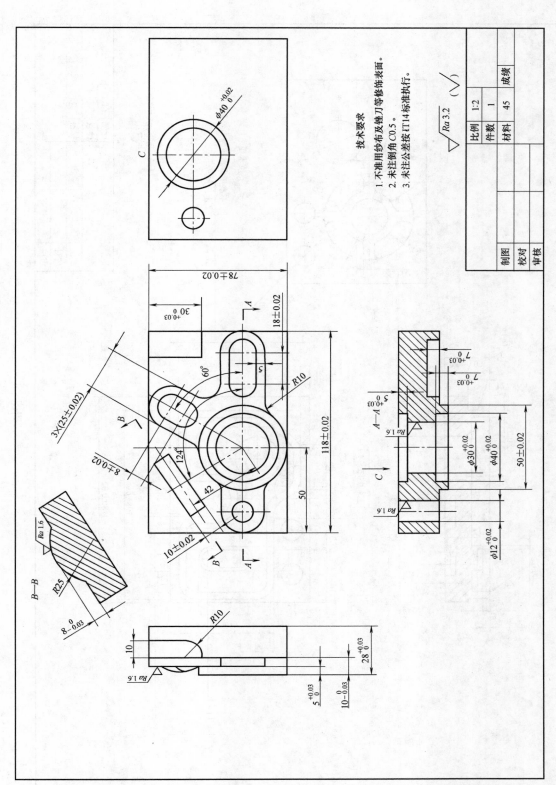

技术要求
1. 不准用纱布及锉刀等修饰表面。
2. 未注倒角 C0.5。
3. 未注公差按 IT14 标准执行。

比例	1:2		成绩
件数	1		
材料	45		
制图			
校对			
审核			

附图　3

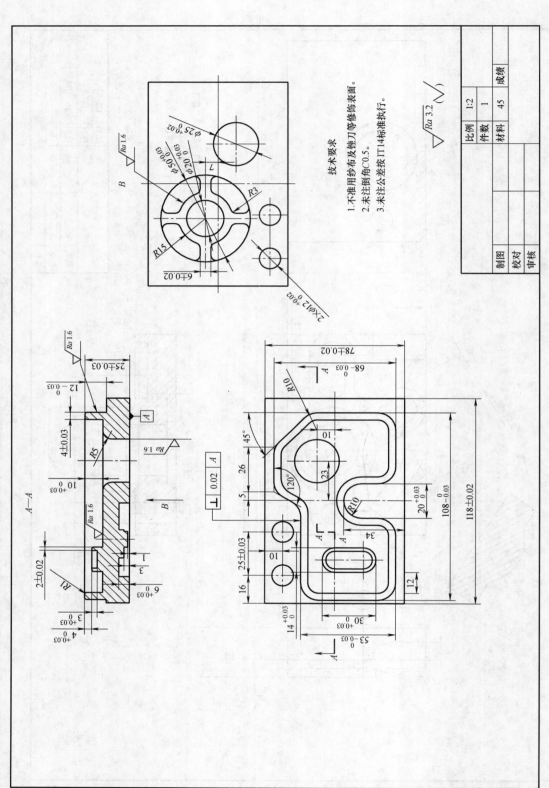

技术要求

1. 不准用纱布及锉刀等修饰表面。
2. 未注倒角C0.5。
3. 未注公差按IT14标准执行。

$\sqrt{Ra\ 3.2}$ ($\sqrt{}$)

比例	1:2		
件数	1		
材料	45	成绩	
制图			
校对			
审核			

附图 4

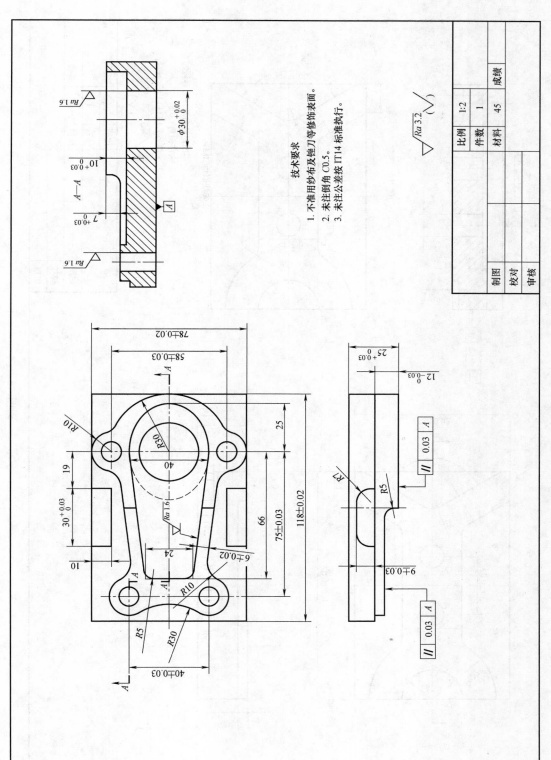

技术要求
1. 不准用纱布及锉刀等修饰表面。
2. 未注倒角C0.5。
3. 未注公差按IT14标准执行。

比例	1:2		成绩
件数	1		
材料	45		
制图			
校对			
审核			

附图 5

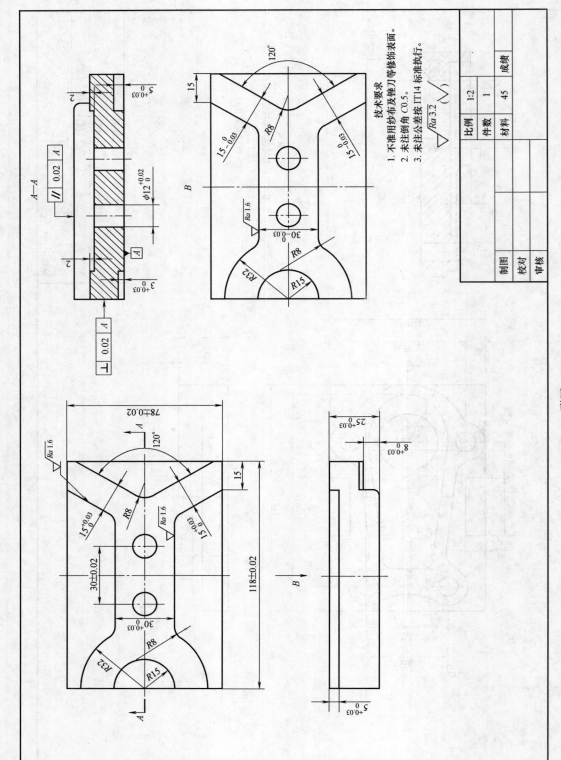

技术要求
1. 不准用纱布及锉刀等修饰表面。
2. 未注倒角 C0.5。
3. 未注公差按 IT14 标准执行。

$\sqrt{Ra\ 3.2}$ ($\sqrt{}$)

比例	1:2		
件数	1		
材料	45	成绩	
制图			
校对			
审核			

附图 6

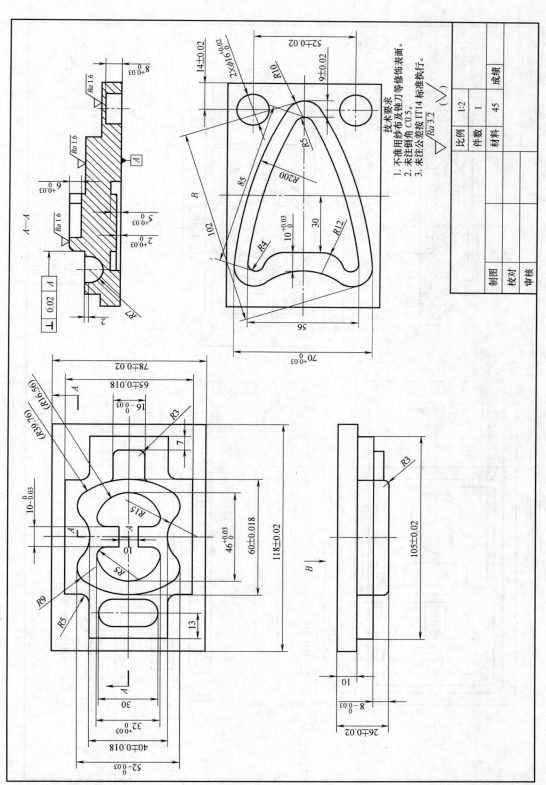

附图　7

技术要求
1. 不准用纱布及锉刀等修饰表面。
2. 未注倒角 C0.5。
3. 未注公差按 IT14 标准执行。

比例	1:2		成绩
件数	1		
材料	45		

制图			
校对			
审核			

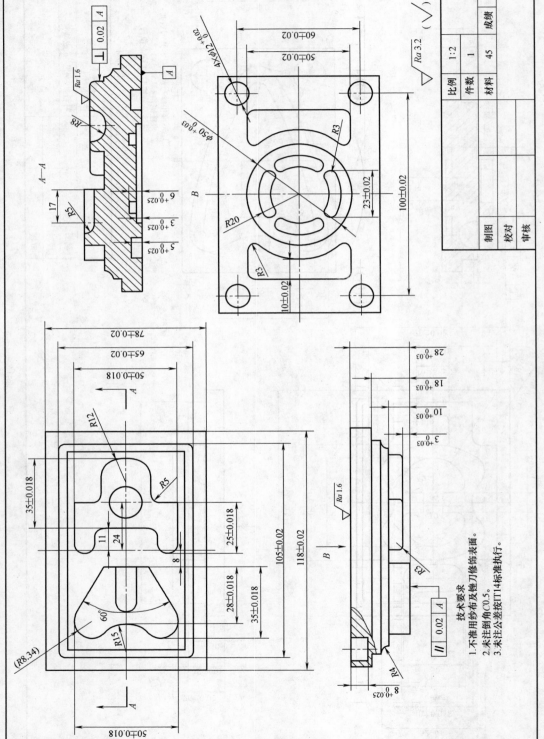

附图 8

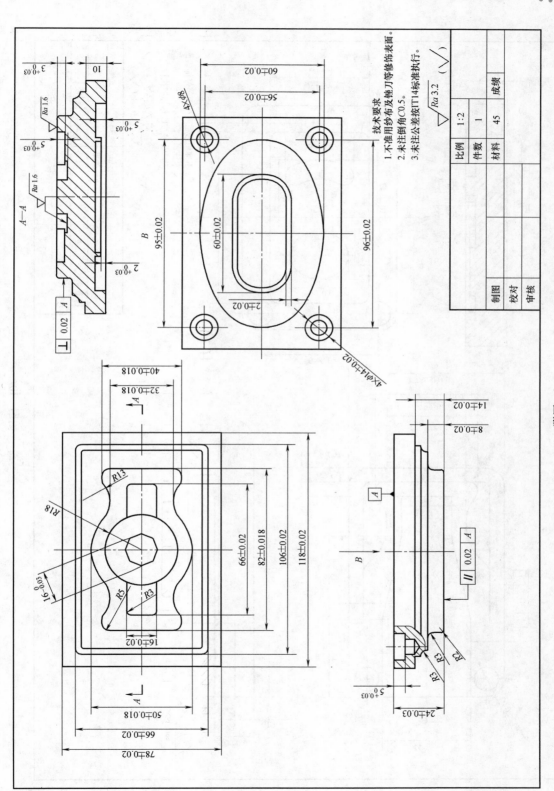

技术要求
1. 不准用纱布及锉刀等修饰表面。
2. 未注倒角C0.5。
3. 未注公差按IT14标准执行。

附图　9

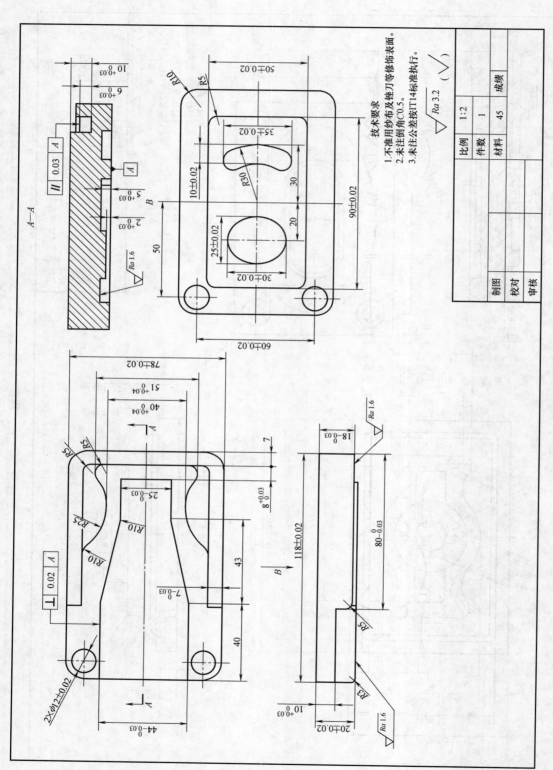

技术要求
1. 不准用纱布及锉刀等修饰表面。
2. 未注倒角C0.5。
3. 未注公差按IT14标准执行。

$\sqrt{Ra\,3.2}$ （ $\sqrt{\ }$ ）

比例	1:2		
件数	1		
材料	45	成绩	
制图			
校对			
审核			

附图 10

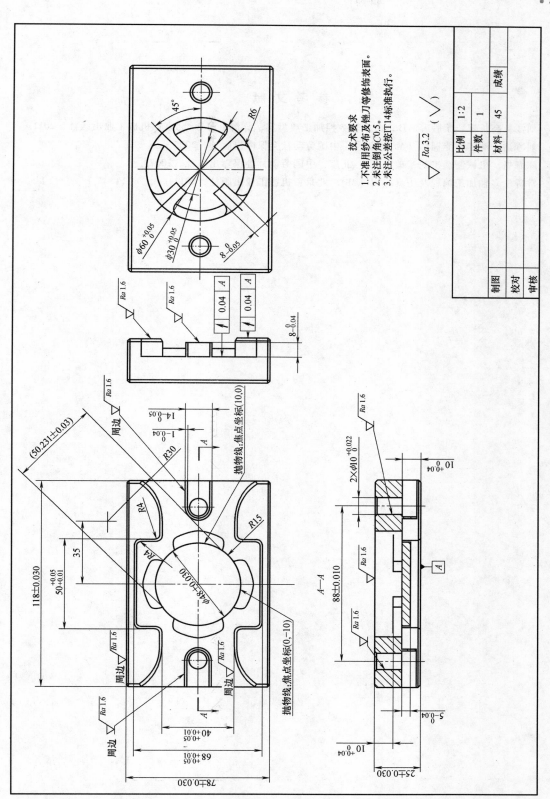

技术要求
1. 不准用纱布及锉刀等修饰表面。
2. 未注倒角C0.5。
3. 未注公差按IT14标准执行。

$\sqrt{Ra\,3.2}$ （ $\sqrt{}$ ）

比例	1:2		
件数	1		
材料	45	成绩	
制图			
校对			
审核			

附图　11

参 考 文 献

[1] 刘江，高长银，黎胜容. CAXA 多轴数控加工典型实例详解 [M]. 北京：机械工业出版社，2011.

[2] 刘冰洁. 铣工技能训练 [M]. 北京：中国劳动社会保障出版社，2005.

[3] 陈海魁. 机械制造工艺基础 [M]. 北京：中国劳动社会保障出版社，2007.

[4] 常赟. 多轴加工编程及仿真应用 [M]. 北京：机械工业出版社，2011.